中国最美期刊《普洱》杂志特别推荐

独特的区域位置
独特的历史定位
独特的古树茶园
独特的普洱茶事

困鹿山

【郑立学　陈玖玖 著】

 云南出版集团

YNK 云南科技出版社

·昆明·

图书在版编目（CIP）数据

困鹿山 / 郑立学 , 陈玖玖著 . -- 昆明 : 云南科技
出版社 , 2023.4
ISBN 978-7-5587-4907-0

Ⅰ . ①困… Ⅱ . ①郑… ②陈… Ⅲ . ①普洱茶—茶文
化—宁洱哈尼族彝族自治县 Ⅳ . ① TS971.21

中国国家版本馆 CIP 数据核字 (2023) 第 061040 号

困鹿山
KUNLU SHAN
郑立学　陈玖玖　著

出 版 人：温　翔
责任编辑：吴　涯
助理编辑：张翟贤
封面设计：罗崇伟
责任校对：秦永红
责任印制：蒋丽芬

书　　号：ISBN 978-7-5587-4907-0
印　　刷：普洱方华印刷有限公司
开　　本：787mm×1092mm　1/16
印　　张：14
字　　数：268 千字
版　　次：2023 年 4 月第 1 版
印　　次：2023 年 4 月第 1 次印刷
定　　价：168.00 元

出版发行：云南出版集团　云南科技出版社
地　　址：昆明市环城西路 609 号
电　　话：0871-64190978

封面题字：郑立伟　　封面摄影：陈发坤　　统筹策划：郑海巍　　版权所有　侵权必究
（本书图片除署名外，均为郑立学拍摄）

贡茶香中外 "非遗" 在此山

——郑立学、陈玖玖著《困鹿山》序

◇ 黄桂枢

　　普洱贡茶香中外，但其贡茶制作技艺在哪里？也许有的喝茶人还不太知道，这本《困鹿山》可以告诉你，这是普洱茶振兴发展带动出来的新著，值得称赞。

　　今日说到普洱茶的振兴发展，其实是三十年前的普洱茶文化热潮带动起来的。中国农业科学院茶叶研究所所长程启坤教授于 2005 年 3 月在《普洱茶文化大观》一书序言中说："普洱茶虽然是一个历史名茶，但过去的知名度并没有今天这么大。自从茶文化热的兴起，1993 年 4 月，首届中国普洱茶国际学术研讨会暨首届中国普洱茶叶节在思茅市隆重举办。从这以后，普洱茶的知名度越来越大了，普洱茶的产量和销售量也越来越大了，随之席卷全国乃至亚洲的普洱茶热也就发生了。这一切与当事人之一的黄桂枢先生是分不开的，由于他的精心策划与安排，由于他的热心发动与参与，由于他的积极研究与探索，普洱茶文化更加发扬光大了，黄桂枢先生的工作，功不可没。" 1993 年以后的三十年，普洱市的茶业如雨后春笋，增添了百余家茶庄、茶号、茶企业，茶叶节、茶艺师、茶艺展演遍地开花，普洱茶热持续升温。2008 年 6 月，普洱茶 (贡茶) 制作技艺被评为 "国家级非物质文化遗产"，2009 年末，宁洱县在县城文昌宫开办了普洱茶贡茶制作技艺人传习所，到 2022 年 11 月 29 日，"中国传统制茶技艺及其相关习俗" 成功通过评审，列入联合国教科文组织 "人类非物质文化遗产代表作名录"，其中就有 "普洱茶制作技艺 (贡茶制作技艺)" 一项，而普洱茶贡茶制作技艺的传承地就是困鹿山，传承人是李兴昌技师。

　　二十年前的 2003 年，笔者专著《普洱茶文化》在台湾出版，2022 年 3 月，专著《普洱茶文化与 "世界茶源"》在北京出版，其书中之第六章 "普洱茶贡品" 就论述有：贡茶品种、贡茶受宠缘由、贡茶采办、贡茶国礼、贡茶影响共五节，为读者提供普洱贡茶的由来历史依据。今日欣喜郑立学、陈玖玖二位文友、茶友出版《困鹿山》一书，用生动的文笔纵横相交地记述了困鹿山这个普洱茶贡茶制作技艺传承地的区域位置、历史定位、茶山茶园、普洱茶事、人文轶事、文化价值，为读者提供了可以品味普洱贡茶之乡困鹿山的自然、历史、民族、风物、习俗、轶闻、趣事、诗文、书画、影像等与茶有关的茶文化甘露而令人心旷神怡，困鹿山的茶有特殊香味，困鹿山的茶更令人入迷。

凡是茶叶都有色、香、味，但若无茶文化就失去了灵魂。《困鹿山》一书中的茶，不但有色、香、味，还有茶文化灵魂，这是可喜的。习近平总书记曾指示："茶叶是一篇大文章。""茶文化、茶产业、茶科技要统筹发展。"他把"茶文化"提在前面，说明其灵魂的重要性。祝愿《困鹿山》一书给读者带来茶知识，带来茶美味，带来茶康乐。

八七老翁茅塞愚人
二〇二三年二月十五日于思茅梅桂园

- -

黄桂枢：普洱市文物管理所原所长、研究员（教授）、中国国际茶文化研究会顾问、云南省茶业协会副监事长、普洱市人民政府茶产业发展顾问、国务院特殊津贴专家。

只 此 青 绿

为郑立学、陈玖玖著《困鹿山》一书序

◇ 张世雄

2022年初秋的一天，我收到一个陌生的电话，原来是郑立学先生打来的。他告知，新写完一本书，书名是《困鹿山》，要我为他写一篇序。事来得突然，真不知如何回答。我和郑立学君虽素无来往，但他的情况还较为熟悉，听到郑立学三字便知道他此时一定在做什么，是知根知底者也。我俩既是同乡、也师出同门，他小我两岁。1964年，我高三他高一，有少许接触，他是以全县第一名的成绩考入普洱中学的，高中3年一直担任普洱中学学生会主席，是校篮球队队员，还为普洱中学老教师杨应贤输过血，1965年被评为"普洱县青年社会主义建设积极分子"。两年后的1966年，我已有2年工龄，他该高考了，可他没能如愿如期入学。他的大学文凭是后来通过自学考试取得的，还获得过"云南省职工自学成才优秀分子"表彰。他参加工作后，用镜头和文字记述家乡的点点滴滴、方方面面，从文学到摄影再到普洱茶文化研究，数十年如一日，终成大器，已出版书籍十余部。屈居兄长的我为他高兴并发自内心地尊重，故此我才说虽和他素无来往，但一听到郑立学三个字便知道他一定在做什么或又做成了什么，不知道这种情愫叫不叫神交。我想他也应该怀有同样的感受，不然不会平生首次通话便提出要我为他写序的要求，话语中还透出几分自信，相信我不会拒绝。此情此景，我别无选择，只好应允，当然也不忘假装老成客气几句，诸如怕有负期望云云。

在人生的经历中，轻率从来是要付出代价的。我接到书稿小样时才知道这是个难以完成的作业。书名《困鹿山》，而困鹿山三字仅是全书的切入点、地标或是宝库的入口的标识，全书的内容涵盖了普洱古府、普洱茶的方方面面，可以说是一本普洱茶文化的小百科全书。真想告诉他，你这本书根本无须作序，困鹿山三字便是一篇大大的序，每一章每一节都是一篇小序，最好的办法是给好序者发一笔免序润笔费以保持全文的清纯。还有就是自己的书自己序，我读过最好的序几乎都是自序，不乏传世的经典。谁都知道，这样的话是说不出口的，还是老老实实地尽力而为吧。

鲁迅先生说过，写不出来的时候不要硬写。我和立学先生既是师出同门，何不回到当年求学之地走走，或许能从人生的起点处找到一点感觉。

老普洱中学的校址现在是学校的初中部，立有一块石碑，镌刻着"品物流行"四

个大字。此碑立于清道光乙酉年（1825年），是一位清代宁洱县分管司法的小吏（典史）湖北人韩玉璋所书。我大胆猜测，现在除了搞古典文学的人士之外，能读懂这四个字的人不会很多。其句出自《易经》，"大哉乾元，万物资始，乃统天。云行雨施，品物流形。"指大千世界，物类繁多，皆统摄于乾元之中，所有物类皆得益于上苍云行雨施，莫不自由自在地生长，流布于形，即通常说的都要顽强地表现自己，时髦的提法是："刷脸卡"，当然形而上的说法是"生命自觉"。现在的年轻人，芝麻大的事，也要用手机发布出去，生怕别人不知道，也是一种流布于形。我惊异于数千年前的哲人们超人的智慧和远见卓识，一句话道尽了宇宙之奥秘。特委托我热心于治印的小侄给我刻了四枚闲章，"云行雨施""品物流行""和谐共生""亿万斯年"，不时把玩，自得其乐。

在正对学校大门办公大楼墙上，有一幅巨型标语，十分显眼，"教天地人事、育生命自觉"，无落款。我教过几年书，知道一点教育方面的格言警语，古代教育史上未见过，看来此语应出自当代大家之手。网络时代，惊人之语已是司空见惯，大多惟一笑置之，一风而过。据我所知元人朱世杰将天、地、人、物列为数学上的四大未知，只限于数学而不泛指教育。此语是专指教育，即穷尽天、地、人、事道理，悟透一切生命的规律，气魄之大令人起敬。学校还有块碑刻告诉我："他山之石，可以攻玉"。既是公诸于公共场所并未落款的标语口号，可视为公共资源为我所用，我将之化为"天地人事、生命自觉"，与我的前四句集句为六，从而构成了一个完整的生物链，即"天地人事、生命自觉、云行雨施、品物流形、和谐共生、亿万斯年"。窃以为完美之至，无事偷着乐。

以上一大段话并非是老僧谈禅、云里雾里。而应该是吾地生态系统的经典写照。先哲们不知滇为何地、困鹿山在何方、普洱茶又为何物。他们的勾勒又无一不与吾地吻合。我不知郑立学、陈玖玖是有意还是无意，初心如何，我读了他俩的大作之后，第一想到的是他们用真实的镜头，饱满的笔触为我们展示了一幅云行雨施、品物流形的生动画卷，有力地佐证了古老的东方哲学并不神秘。古老中华的最西南有一片原始的雨林叫困鹿山，不但可以与天地对话，还可以与数千年前的先哲对话，感受远古文化的魅力，把远古和现实、主观和客观，把天、地、人、物四大未知变成可观、可读、可赏、可亲切触摸的实在。"今日悟得真世界，何须方外去问禅"（世雄句）。写序，不可能不带个人色彩，更何况主题是心中的那片热土、那片雨林、那个物种的基因库。不动笔则已，动笔总想把最直接的感受告诉读者，而且困鹿山和我还有一段佳话。我退休后，服从组织安排，在县里做一点公益事业，任县关心下一代工作委员会主任，县关工委收到的第一笔爱心赞助，也可以说是第一桶金就来自困鹿山的一家茶叶公司。此公司是李兴昌先生和广东的几个老板合伙开办的，在县地标性的建筑——茶源广场落成并举办开街庆典时，该公司进行了一次义卖，所得款项全部捐赠县关工委。十多年过去了，此事也淡出人们的视线，兴昌先生再也未提及，可兴昌不说，立学说，《困鹿山》一书还专门提及此事，让我很感动一阵子。古人云，勿以善小而不为，而立学老弟是勿以善小而不说。举这个例子是想说《困鹿山》一书文笔之周到细腻，哪怕一朵小小的浪花也记录在案，小百科全书的评价也油然而生。当然，《困鹿山》一书的成功之处是从大处着手，用多种文学艺术的表现形式予以阐述普洱茶的前世今生，如普洱茶的历史演变和发展，普洱茶的生态分布和叶种品质，普洱茶的自然属性和社会属性，普洱茶的文化价值及与普洱茶相关的人文掌故、逸闻轶事等。可以说目前已知与普洱茶相关的天、地、人、事均有涉及，仅详略不同而已。当然此书不是教科书，也不自负地命名读本，而是以大散文形式写的一本普洱茶散记，这样写起来要自由轻松一些。特色方面，作者熟练地将专业性、知识性、文学性三者巧妙地结合起来，使之既介绍了普洱茶，又增加了文章的可读性，让读者在任何时候任何情况下均可享受普洱茶的风采神韵。特色之二，此书主线清晰，即写困鹿山不忘普洱府、写普洱府突出普洱茶，两条主线或分述或交叉构成了清晰的脉络。普洱府的设立成就了普洱茶，而普洱茶的兴起又使普洱知名度大增以至远扬海外，这又是此书的又一成功之处。郑立学先生是位摄影爱好者，可以说到了痴迷的程度。《困鹿山》一书又一次展示了立学老弟的强项，可以说此书是普洱茶事的图史。文字给读者以想象发挥的空间，而历史和现实的图片给读者以真实的感受，在可读性之外又多了文章的可信度，领略云南边陲的迤逦风光，多几分美的享受。可以说一册在手，多重享受。朋友们，又何乐而不为也。

近年来，由于旅游业的兴起，各地都在推出自己的城市名片。普洱市的提法是"天赐普洱、世界茶源"，宁洱县是"茶源道始·盟誓之城"。困鹿山虽未推出形象名片，多年前郑立学老弟写的一篇报道《普洱贡茶与困鹿山皇家古茶园》（见云南民族出版社2006年出版的《探秘普洱茶乡》）成了困鹿山不是名片的名片。有趣的是市、县、村都不约而同地看好了三个字——"普洱茶"，高度统一的认知其实也经历了一个过程。如何定位普洱，文化人们用了不少经典语言，如动物王国、植物王国、绿海明珠、天下普洱等等。最终发觉，最能体现普洱风采神韵的莫过于"普洱茶"三字。历千年风雨，任时代更迭，始终与千家万户相依相伴。大道至简，大音希声。

郑立学、陈玖玖《困鹿山》一书选准了最佳的镜头，最佳的切入点，真实可信地诠释了"天赐普洱"这张靓丽的名片。让世人看到一个神奇的普洱、多彩的普洱、立体的普洱、和谐包容的普洱、让人神往的普洱。

困鹿山的地理位置处北回归线上北纬23°。我用四句话语予以概括"回归线上，有山困鹿，环宇周天，只此青绿"。应该说处北回归线上其他的地方每天和我们享有同样等量的光照——其实地球上同纬度的地方都应如此——吸取同样的热量，但由于各地生存的条件不同而形成了不同的生态系统。迤南之地，有宜居的土壤、宜居的海拔、宜居的气候、宜居的雨量、宜居的周边环境、宜居的大气环流，是大自然的神功孕育出动物王国、植物王国，从而众多生物中的佼佼者——茶脱颖而出，走出深山，来到人间，再走向世界，惠及普天下的芸芸众生而且历千年不衰。只此便知离俗境，于焉便是忘机地。"云行雨施物流形，和谐共生万万年"，这是郑立学、陈玖玖《困鹿山》一书读后的又一感受，使"天赐普洱"一词变得有血有肉，生机勃勃。

在中国文学史上，一部《红楼梦》不知倾倒多少人，也不知有多少人一辈子读红楼，研究红楼，最终形成一门学科——"红学"。无独有偶，在中国文明史上，一片行走的树叶子"茶"，也不知倾倒了多少人，也不知有多少人饮茶、读茶、研究茶，"茶学"也由之而兴起。茶圣陆羽的《茶经》如同一座高山成了茶文化史上的丰碑，让人景仰。由于历史的局限，唐代的圣人留了普洱茶之缺失，清代学者留下了普洱茶的误解。百年鼎鼎，莫衷一是。然而从大自然中走出来的精灵是祥和、大度、包容，他始终以自己的方式永远在路上，普洱茶如此，奉献了普洱茶的普洱各族儿女更是如此。空谈误国，实干兴邦。他们再清楚不过，只有伟人的一句名言才是纠正缺失和误解的灵丹妙药，即"发展才是硬道理"。我们的茶业发展了，缺失和误解不攻自破。说到发展，离不开产业和文化，双轮驱动是推动发展的最有效途径。郑立学、陈玖玖的大作既是文化研究的一篇力作，也是推动普洱茶产业发展的精神力量，告诉和鼓舞更多的人认识普洱茶，发展普洱茶，使历史的遗憾在我们这一代人得以修复。在书中，作者用较多篇幅介绍了宁洱县城地标性建筑——茶源广场，如果读懂了茶源广场那基本读懂了普洱茶文化和古道文化。广场上有四块碑刻，南北两两相对。东边相对的两块是主讲茶马古道，西边相对的两块主讲普洱茶。古道碑一块是云南省文化厅、云南省交通厅、云南省茶马古道研究会镌立的"茶之源道之始茶马古道碑"，此碑的初衷是立一块"茶马古道零公里碑"，由于送审碑文中的一句话激发省级专家的灵感，从而更名为"茶之源道之始茶马古道碑"。碑文送审稿出自作者手笔，原文是"茶之源，道之始，始于唐，盛于清，天道酬勤，时势始然。"这是个意想不到的收获。省级专家棋高一着，一个碑名的改动使此碑的文化价值倍增，不仅点名此地是茶马古道的起点，而且全面肯定了普洱古府的历史地位和作用，正本清源，实至名归。与此碑相对的是云南省测绘地理信息局镌立的"茶马古道源头地理标识碑"，经国家地理标识权威部门认定，任何人在任何地点、任何时候均可查到茶马古道源头的经纬度、所在地、相关资料，是最具专业性的标识。靠西的南北相对的两块，一块是普洱府赋碑，一面是《普洱赋》全文碑刻，由笔者和已故的普洱中学校长郑孟骊先生合撰，全部记录了普洱古府的历史沿革和普洱茶文化，另一面镌刻清代道光年间普洱府城官馆布局详图。与之相对的是珍藏故宫的普洱贡茶——万寿龙团雕塑和《百年贡茶回归记》全文。让人百看不厌的万寿龙团的巨型雕塑向世人展示她绝世容颜，仿佛告诉后人，看到此景便知道普洱茶在普洱人心中的神圣地位。普洱无茶论者，该退出历史舞台或亲自到普洱走一走，然后再发表高论。

历史总会给后人留下拓展的空间，普洱茶这本大百科全书正期待世人去完成，郑立学、陈玖玖之《困鹿山》一书为这部历史巨著奉献了一块坚实的基石，可喜可贺，乡人也为之骄傲。

"乾坤万里眼，时序百年心"（杜甫句）。历史不但给后人留下极大的拓展空间，也公正地记录了其沧桑变化。故宫珍藏着数不清的各地进贡的茶品，当人们打开尘封的大红门时，惊奇地发现，只有百年贡茶普洱万寿龙团完好如初，其他的均成了齑粉。是谜团，更是惊奇，最终结论是百茶之祖——普洱大叶种茶独特成分造就了普洱茶超强的抗氧化的生命密码，方能历百年不衰。宁洱县茶源广场上万寿龙团的巨型雕塑向世人展示百年贡茶的绝世容颜，更是对唐朝圣人的缺失和清朝学者误解的世纪回音：

回归线上，只此青绿。

百年茶品，只此青绿。

时空作证，只此青绿。

天赐普洱，天赐青绿。

末了，还想借郑立学、陈玖玖的顺风车，推出一篇短赋——《普洱城赋》。那是2007年，县里一位领导给我出了个题目《普洱城赋》，他说《普洱府赋》是写"府"，《普洱城赋》是写"城"，你把普洱山下这块热土所发生的故事写好就行了。一个好题目遇到了一个以玩文字为晚年一大乐事的疯傻老头，一拍即合。可惜的是，成稿后此君已调离宁洱。也无他，自己的劳动自己珍惜，不时拿出把玩。七旬老翁，自适就好。今日借郑立学、陈玖玖的大作让其走出小屋，供世人一笑。

小赋全文是：

彩云之南，哀牢之阳，普洱府城，茶源茶乡。历史长河，远溯夏商，古产里部，化外蛮荒。几经更迭，明万历定名普洱。逮乎雍乾，置府设道，规模始具，名声大张。茫茫林海，古茶飘香；悠悠古道，四隅通商。瑞贡京师，人文古道古府；润泽吾里，风情名茶名邦。融和各族兄弟，铸就百年辉煌，固得历史之机缘，更是时势之必然。

"城者，所以自守也。"天下之城，莫不以得地自守为要，普洱府城亦然。此地有群山环抱，屏障天然，南北呼应，东西仪仗，岩崖秀峙，溪流纵横，岁实年丰，冬温夏凉。曾有法兰西画师德拉波特，一见倾心，仰慕之情，洋溢笔端。又有传世道光府城官图，官署馆舍，布局井然，与西洋丹青联袂成双。府城有景，以景而语人生。府城有说，以说而悟天罡。晓霞夕照，心仪人生如斯。春云秋月，诠释品物流形。西岭温泉，去俗去疾，鸟道清风，无尘无染，莫不隐喻为人为官。传说筑城之初，有丹凤献书，显象北山，天降大任于斯城，符瑞吉祥。于是乎府城有官署合宜，文庙武馆。兴学教化，建书院以培育英才，虽遐陬而户习诗书琅琅。紫薇院里，澄清亭旁，风姿雨韵，书香荷香。博学鸿儒，传经布道，水湾英才，走出深山。开云滇新学之先河，设学虽晚却后来居上；居边邑敢为天下先，新学程早于庙堂。时代潮流，浩浩荡荡，及至民国，迎来红色火种，思普特支首创，揭旗而起，秀才造反，戎马书生，仗剑疆场，唤起民众，燎原滇南，岁开新律，地覆天翻。继而有各族携手，观礼北上，剽牛盟誓，铁血丰碑，气凌霄汉。

"山不在高，有仙则名。水不在深，有龙则灵"。斯地虽为边邑府城，且设府较晚，然数百年间不辞历史重任，泽被后世非凡遗产，可道者三。茶之源，道之始。天下普洱，天下茶乡，天下茶马古道，天下茶人神往。此其一。鄙科举，远庙堂，开新学，布新章，不言横空出世，堪称惊世骇俗。此其二。边陲初定，百废待兴，各族智能之士，远瞩高瞻，视团结为固边之本，化沟壑以尊重为先，立盟碑而为百代师，镌誓言而为天下法。此其三。凡此三者，有其一已是千载难逢百年不遇，而能集三者于一城者，何也？纵观历史，固有地利之便，天时之机，可虽有天时地利，若时无非常之人人无非常之胆识则世断无非常之举。天道酬勤，天道酬变，天道酬新，天道酬进。有感于斯，作普洱城赋，以颂扬前贤，激励来者。今日古城，依然是巍巍普洱山，不屈脊梁，天记茶印，亘古守望。凌云东塔岭，巨笔如椽，承前启后，大兴大昌。邑人张世雄写于戊子年秋月。

此赋虽与郑立学、陈玖玖大作文体不同，却表达了同样的思想感情，即在漫漫的历史长河中，边疆人民从未放弃过对文明进度的追求，不过是不同的历史时期表现的主题不同。茶源道始是远古先民们智慧的结晶，新学首创吹响了近代思想觉醒的号角。团结丰碑是在历史转折的关键时期，解放了各族儿女思想进步的一次伟大飞跃。无论如何斗转星移，都透出一个永恒的主题：民族振兴，人民幸福。

是为序。

邑人张世雄写于 2023 年春宁洱蜗居小楼，时年七十有八

张世雄：普洱市宁洱县人，生于 1945 年，1964 年参加工作，为普洱县（2007 年后更名为宁洱县，后同）贸易公司职工，1979 年 3 月调普洱中学任教，1986 年调普洱县委办公室任副主任，1987 年任普洱县教育局长，1993年任普洱县人民政府副县长，1998 年任普洱县人大常委会主任，2003 年改任非领导职务，2005 年退休，任普洱县关心下一代工作委员会主任至今。喜欢文学，代表作有《普洱府赋》。

目　录

目　录

目　录

困鹿山植被（陈发坤 摄）

第一章

困鹿山独特的区域位置

第一节　困鹿山是离普洱府址宁洱县城最近的古茶园

　　困鹿山是离普洱府址所在地宁洱县城最近的古茶园。从原普洱府所在地即现今宁洱县城出发，经过宁洱镇的民安村、硝井村、谦岗村，再到宽宏村与西萨村的岔路口，公路里程为 21 千米，然后往右拐弯上坡，经过宽宏村委会，至困鹿山的公路里程为 12 千米，全部公路里程加起来共 33 千米，直线距离那就更近了。

　　普洱茶因普洱山而得名，普洱府因普洱茶而设立。

　　不论是古代还是现今，普洱无疑是普洱茶的得名地、原产地、主产地和集散地。作为悠悠茶马古道的源头，它曾经辉煌过，也曾沉寂过，如今，驮铃消失，马蹄不在，但我们仍可以透过许多文字资料，从沧桑的历史遗迹中，寻找到普洱

困鹿山古茶园核心区 拍摄于 2022 年春（陈阳 摄）

茶厚重的历史和灿烂的文化。

　　普洱府曾经的辉煌早已成为历史，被用少许的文字记载在有限的书籍里，或者用口口相传的形式，被一代又一代的人口述传递在云南这块特殊的大地上（云南既有结绳记事蛮荒落后的一面，又有天下第一长联的文化辉煌；有交通落后大山闭锁的偏僻，也有最早开

困鹿山里程示意图

1887年原普洱府宁洱县城（法）路易·德拉波特画

2007年更名后的宁洱县城

2022年，从锦袍山眺望美丽宁洱县城（许时斌 摄）

关建铁路的文明）。普洱府的四方古城及许许多多的会馆、楼台、庙宇、马店都已消失，只留下了少许的遗迹和古物，更多的只能从历史文献中去寻找和体验了。经历了跌宕起伏的时代，也经历了沉寂和隐秘的岁月，几百年过去，只有离普洱府最近的那片古茶园还在。

这就是困鹿山！

路程标识

➤ 延伸阅读：普洱府极简史

先有水湾寨，后有普洱城。"普洱"二字早先的时候写作"步日""步耳""扑耳""普耳"，据考证，这些称谓都来自于当地古濮人语音的演变，其意为"普"是寨子，"洱"是水湾。

普洱建城始于 8 世纪中叶，南诏王在这里建"奉逸城"，派白族官员镇守，当时人口不多，建的是土城，周长仅 3 千米。

发展到唐宋时期，茶马互市已经形成，民间商贸通道也已基本成形。随着普洱茶生意越来越兴旺，小小的土城已难以容纳，只好在城外集中连片建起了马栈、茶庄、民居和各种匠铺，形成了新街市。

明洪武十六年（1383 年）将其定名为"普耳"，万历年间改称"普洱"。普洱因普洱茶的旺销已成了商贾云集、马帮不绝的重镇。

关于普洱，进入清代后能查到的资料更多，脉络更清晰。

清顺治十六年（1659 年），吴三桂平云南，普洱酋长那氏归顺。清军撤退后，那氏又反叛。清顺治十八年（1661 年），吴三桂再次派兵平叛，此后将普洱、思茅、普藤、茶山、勐养、勐煖、勐捧、勐腊、整歇、勐万、上勐乌、下勐乌、整董编录为十三版纳，统归元江府管辖。那时普洱茶早有名气，内地各省茶商都会到普洱茶山收茶。

清康熙三年（1664 年），调元江府通判分防普洱，其车里十二版纳仍属宣慰司。通判驻地普洱，有土城。

普洱茶因普洱山得名。

清康熙五十三年（1714 年），章履成

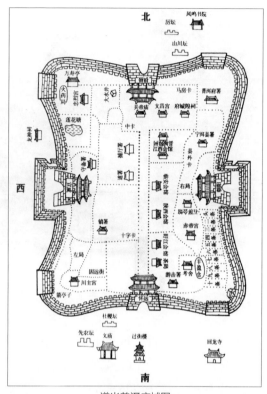

道光普洱府城图

普洱府城南门街楼

普洱府城西城门

现存普洱府文昌宫

现存江西会馆

在《元江府志》中写道："普洱茶，出普洱山，性温味香，异于他产。"这是历史上"普洱茶"一词首次面世，也明确了普洱茶的具体产地。此文明确指出普洱茶是产自普洱山的，同时也提出了普洱茶和其他种类的茶叶有着明显的区别，而此时比普洱府的建立时间清雍正七年（1729年）还早15年。

清雍正三年（1725年），朝廷把广西巡抚西林觉罗·鄂尔泰调到云南，任云贵总督（同时兼广西巡抚）。鄂尔泰是满族人，历史上称这位官员为云贵广总督，他才高八斗、功勋卓著，深受雍正、乾隆两位皇帝倚重，在清代历史上地位显赫，普洱也是造就他成为重臣的重要舞台之一。鄂尔泰为推行中央集权，在云贵大力推行"改土归流"，实际上就是把由土司头人管辖变成由流官（即汉官）管辖。

清雍正七年（1729年）改土归流后，吏部议复设立普洱府。

普洱府因普洱茶而设。

设立普洱府最主要的目的是便于组织、生产和上贡普洱茶。其次，在当时中央政府缺少税收来源的情况下，设立普洱府可以从普洱茶上收到更多的税收。另外在普洱府管辖范围内，还有磨黑井、按板井、香盐井、石膏井等地大量的盐税。当然设立普洱府还可以保障华夏版图南方的安全和完整。

设立普洱府后，裁元江通判，以所属普洱山、六大茶山及橄榄坝江内六版纳地归普洱府治，又设同知分驻攸乐，通判分驻思茅，其江外六版纳地仍属宣慰司，岁纳粮于攸乐。云南巡抚张允随提请修筑砖城，其实是外砖内土。此时普洱成为了滇南设治的重镇和商业活动中心，成为了普洱茶的原产地和交易中心。置普洱府后，在普洱设立茶局，对普洱府辖区茶叶实行更为有力的规范管制。云贵总督鄂尔泰在普洱府宁洱县建立贡茶厂，制成金瓜贡茶进贡皇室，普洱茶被列为贡茶。

清雍正十三年（1735年），朝廷钦定普洱府收茶三千引[折合3510担（1担=50

千克，全文特此说明）]，年收茶课银960两。足见朝廷对茶之重视，普洱茶名震京师。府城内客商逐渐增多，会馆达50余家，茶店铺60余家，普洱府成为与大理、蒙自、昆明齐名的四大名府之一。

清雍正十三年（1735年），这是普洱府成立的第6年，兵部议准设立宁洱县，隶属普洱府。宁洱为"宁静和谐的普洱"之意，县址就在普洱府内，划圆通、信成、善长、嘉会、义正"五里"和普藤、整董、勐乌、乌得等"五版纳"地域归宁洱县管。当时，宁洱县所管辖的土地面积为7000平方千米（现为3669.77平方千米）。遗憾的是，由于清政府的腐败无能，勐乌、乌得两地于1896年7月割让给当时法国殖民地老挝，即为现今老挝丰沙里的孟乌怒和孟乌再。

同年，设思茅厅，裁思茅通判，攸乐同知移往思茅，改称思茅同知。

清乾隆三十一年（1766年），总督杨应琚视察普洱后，认为普洱府乃茶之边关重镇，议定用兵守戍。当时迤西道驻大理，迤东道驻曲靖，而迤东道所辖十三府，境界辽阔，稽查难周，故添设迤南道，驻扎普洱府城，领普洱府、镇沅府（后改直隶州）、元江府（后改直隶州）、临安府。宁洱一地此时已成为道、府、镇、县衙署合驻地。

清乾隆三十五年（1770年），以元江府之他郎（今之墨江）、镇沅府之威远（今之景谷）划归普洱府。普洱府始为西南边疆幅员较广阔的州府，辖三厅一县一宣慰，即思茅厅、他郎厅、威远厅、宁洱县、车里宣慰司。除车里宣慰司自辖外，其余三厅一县的官员均为朝廷从内地选派人来担任，他们把内地的先进文化带到边疆地区，有力地推动了这一地区政治、经济、文化的发展。

清代云南在行政机构上设置了13个府、3个直隶州、7个直隶厅，普洱府下设了3个厅，即思茅厅、威远厅、他郎厅，还有宁洱县、车里宣慰司、勐海、勐混、勐遮、勐满、勐腊、易武、整东、勐旺。

宁洱县为了与"府治"的地位相称，在乾隆初年大兴土木，于是各省会馆、公馆林立，各类服务店铺应运而生，小城一片繁荣。那时，小小的

普洱府黉学遗址

民间收藏的普洱府时的古城砖

普洱府古城砖上有"乾隆壬寅年知县陈图修"字样

宁洱建有9个会馆，即江西、石屏、湖南、陕西、四川、新习峨（玉溪）、通海、建水、两广；3个公馆，即等雅、磨黑、勐先。此外，还有社坛4座（先农坛、社稷坛、历坛等），庙宇17座（武庙、龙王庙、城隍庙等），寺院7座（回龙寺、普济寺、普安寺、普祥寺、园照寺、元宝山寺、宏远书院），宗祠4座（名宦祠、肖公祠、武侯祠、嘎公龙祠），阁3座（魁星阁、镇水阁、观音阁），宫5座（学宫、文昌宫、赤帝宫、惠民宫、忠烈宫），楼2座（过街楼、钟鼓楼），塔2座（文笔塔等），亭2座，仓1座（盈丰仓）。

自清雍正七年（1729年）设普洱府始，普洱即成为滇南设治的重镇和商业活动中心。清代设普洱府、普洱总兵、迤南道。

普洱府日渐强大。至清乾隆四十五年（1780年），宁洱知县陈图奏请将内土外砖的四方城墙，改为内外一律用砖，获准。内外砖墙建成后，周长为3里9分3厘（合今1801.55米），高（连雉）两丈2尺（7.33米）；城门四道，高于雉，阔3丈有余（3.3米），东门名"朝阳"，西门名"宣威"，北门名"拱极"，南门名"怀远"；城楼四座，两层成重檐达厦，高3丈有奇（10米）；四角各设炮台一座。凡捐款修城墙者均在城砖上刻有姓氏，以作纪念。

清乾隆六十年（1795年），朝廷钦定普洱贡茶为团茶[分5斤（1斤＝500克，全书特此说明）、3斤、1斤、4两（1两＝50克，全书特此说明）1.5两共五种]。普洱茶名传四海，茶叶的兴旺必然带来文化的繁荣。

清嘉庆六年（1801年），在凤凰山麓建凤鸣书院。

清道光六年（1826年），在县城北端建文昌宫。

清道光二十六年（1846年），在县城南端建考棚。凤凰山城北展翅，凤鸣书院、文昌宫、考棚一线排开，整个县城被南北走向的凤新街分为两半，似一本打开的"书"，为"丹凤衔书"，体现了深厚的文化底蕴。在东边文笔山的辉映下，益发显得光彩照人。难怪看风水的先生说，这里一定文人辈出。

昔日普洱，早已形成城墙内南北走向的一条主街，城墙外南接一条南正街（即后来的新民街）的现象。这条街由于以马店为主，又叫马店街。街两旁店铺和民居混杂建筑，多为茶商马帮服务。清道光至同治年间（1821—1862年），普洱因茶而兴的商业活动达到了鼎盛时期，城内城外众商云集，三百多户茶庄、店铺、食馆、药铺、马栈、铁匠铺、马匠铺……比比皆是，数不胜数。(资料来源见《普洱县志》等)

清光绪二十八年（1902年），在普洱府创办了普洱中学，这是云南省开设新学的第一所中学堂。《云南省教育大事记》中提到："1902年，普洱府中学堂的创办，云南才有了第一所现代新型学校"。同年，李铭仁在宽宏兴办义学。

民国二年（1913年），云南省实行"裁府留道"，普洱府裁减后，厅州一律改为县，迤南道改为滇南道。

民国三年（1914年），滇南道改称普洱道。

民国十八年（1929年），国民政府通令废道，改设云南省第二殖边督办公署。云南实行省、县两级行政体制后，鉴于云南省西南边境地区各县连接越南、老挝、缅甸三国，涉外事务繁多，特在腾冲设云南省第一殖边督办公署，在普洱设云南省第二殖边督办公署，处理涉外事务，同时监办行政要务。

1949年8月1日，思普区临时人民行政委员会在宁洱成立。

1950年4月16日，经政务院批准，将思普区临时人民行政委员会改为宁洱专区。

1951年4月2日，将宁洱专区更名为普洱专区，县称普洱县。

1953年3月28日，经政务院批准，将普洱专区更名为思茅专区，驻地由普洱县迁至思茅县。

1964年8月18日，经国务院批准恢复思茅专员公署。

1971年，改称思茅地区革命委员会。

2003年10月30日，经国务院批准，撤销思茅地区，设立地级思茅市。

2007年1月21日，经国务院批准，同意云南省思茅市更名为云南省普洱市。2007年4月8日正式更名，将"思茅市"更名为"普洱市"。"普洱县"更名为"宁洱县"。

普洱府时湖南会馆的香炉

镌刻有"迤南道唐啟荫敬献"的香炉

嘉庆年间普洱制茶工具

第二节　困鹿山处于普洱茶主产区地理区域的中部位置

困鹿山处于普洱茶主产区地理区域的中部位置，这是从地理概念的层面来说的。

关于普洱茶的分布和定义，这个问题已在云南省政府有关普洱茶定义的文件和普洱茶国家地理标志中给出了明确的界定。按照中国国家标准《地理标志产品 普洱茶》（GB/T 22111—2008）的规定，只有在云南省特定的 11 个州（市）、75 个县（市、区）、639 个乡（镇、街道）地理标志范围内，以云南大叶种晒青茶为原料，按照特定加工工艺，具有普洱茶独特品质的茶叶，才能叫作普洱茶。若不在上述区域按照上述要求做出的茶都不能叫作普洱茶。

从普洱茶科学的定义来说，云南省境内适合云南大叶种茶栽培和普洱茶加工的区域，为东经 97° 31′ ~105° 38′，北纬 21° 10′ ~26° 22′ 的区域。普洱茶产地地处低纬度、

高海拔，茶园主要分布于海拔 1000~2100 米、坡度 ≤ 25° 的中山山地。

　　认真研究和探索普洱茶地理分布的实际情况，可以得出这样一个比较直观也便于记忆的概念：以澜沧江和北回归线交叉点为圆心，以直线距离 100~200 千米（估计）为半径画 1 个圆，就是普洱茶的主产区。

　　要认识困鹿山处于普洱茶主产区地理区域的中部位置，必须了解普洱茶主产区的分布情况；而要了解普洱茶主产区的分布情况，首先，需要了解中国山脉及横断山的分布；其次，要了解这个横断山和喜马拉雅山形成的独特区域，即冰川时期的物种避难所是怎么形成的；第三，了解普洱茶处于第四纪冰川期保留下来的物种最丰富的区域；最后，来认识和了解横断山的三大山脉，即哀牢山、无量山和怒山，这样才能了解和认识困鹿山是处于普洱茶区域大地理的中部位置。

　　首先我们来看看中国山脉及横断山的分布，古大陆与喜马拉雅山造山运动。大约在 5000 万年前至 2500 万年第三纪中新世欧亚两个大陆板块的碰撞，抬升了喜玛拉雅山，使青藏高原隆起，形成了世界屋脊，使云贵高原出现。在我国的大地理上，我们可以看到，中国大陆山脉走向主要是东西向，其次是东北—西南向和西北—东南向，

困鹿山处于无量山的中部（许时斌 摄）

高山云雾出好茶（陈发坤 摄）

山脉的走向与地质构造线相应。我国的主要山脉昆仑山、唐古拉山、念青唐古拉山、喜马拉雅山，都是东西向的。在造山运动中，带动了云南横断山脉的出现，主要是怒山山脉、无量山脉和哀牢山脉，而这三个山脉都是南北向的，与我国主要山脉的东西方向截然不同，出现横断，构成了直角。

那么，横断山和东西向的喜马拉雅山形成的这个独特区域有什么作用呢？"这就是喜玛拉雅山的抬升和我国主要是东西向的山脉，挡住了北方的寒冷气流的南侵；横断山脉的出现，把从印度洋孟加拉湾吹过来的湿热空气滞留在无量山、哀牢山、怒山的峡谷地貌里；澜沧江的流淌，带来了物种大气的交流；北回归线的穿过，界定了这里四季如春，这里的气候应该说在全球都是独一无二的。当世界屋脊的喜马拉雅山及我国东西向的山脉和奇特的横断山脉、多彩的澜沧江、神奇的北回归线、古火山带交叉、排列、组合，就构筑了普洱茶得以诞生、繁衍、保存、发展的大环境，这个环境就是一个生态良好、环境优美、物种丰富、天人合一、多民族聚居、多信仰并存、多元文化交构的地方。这个特殊的地区就是能够在地球第四纪冰川期物种大消亡时候，得以形成'避难所'，从而保留了东半球最丰富的动植物资源。"［见郑立学著《自然普洱》上篇（云南出版集团 云南科技出版社）］

普洱茶就处于这个物种最丰富的横断山区域。"许多地质研究的报告可以清楚地证明，在地球的第三纪时，云南是山茶等被子植物出现的大温床，是高等植物的发源地，也是茶属植物的故乡。以山茶植物为例，山茶科有40属600种，广泛分布于热带和亚热带，主产东亚，中国有15属400种，分布在长江中下游和南方各省，尤其以云南为最。云南众多的茶科植物和各种高等植物在地球第三纪时得到了繁衍发展，而在第四纪冰川时期，由于云南独特的大地理环境，使得云南丰富的植物资源得到了保存。在第四纪冰川时期，云南的许许多多高等植物，包括许许多多的茶科植物，就在喜马拉雅山和横断山形成的这个'避难所'里得以生存下来，并不断繁衍发展，为世界保存了各种各样珍贵的动植物。"［见郑立学著《自然普洱》上篇（云南出版集团　云南科技出版社）］

哀牢山处于云南的中部，也把云南分成了截然不同的两个地理区域和气候区域，东边是干旱寒冷的云贵高原，西边是湿润温暖的高山峡谷地貌。普洱茶主产区就分布在西边的高山峡谷地貌区里。这个峡谷地貌的东边是哀牢山脉，中间是无量山脉，西边是怒山余脉。困鹿山就处于无量山脉。作者曾写过一篇《无量深山出好茶》，叙述了不管是在景东县的大无量山，还是在景谷、镇沅、宁洱三县交界的二无量山，还是在西双版纳州勐腊县的小无量山，周围都有好茶。

国际茶叶委员会给普洱市颁发"世界茶源"牌匾

宽叶木兰化石

有意义的是，2013 年 5 月，在"2013 国际茶业大会、第八届中国云南普洱茶国际博览交易会、第十三届中国普洱茶节"上，国际茶叶委员会主席诺曼·凯利先生和前任主席麦克·本斯顿先生共同授予普洱市"世界茶源"称号。而授予"世界茶源"称号根据的五个要素都分布在横断山的三座山脉上，宽叶木兰化石和中华木兰化石主要在无量山的景东县和景谷县；野生型古茶树即镇沅千家寨 2700 年大茶树在哀牢山上；过渡型古茶树即澜沧邦崴 1700 多年大茶树和景迈 1000 多年的栽培型古茶林位于怒山山脉的余脉。

从普洱茶主产区分布的三大南北向并列的横断山脉，即哀牢山、无量山和怒山山脉就可以看出，无量山夹持在哀牢山和怒山山脉之间，无量山的北端最高点为普洱市景东县的猫头山，海拔 3370 米，无量山的中部最高峰为普洱市镇沅县、宁洱县和景谷县交界的干坝子一带，大约海拔 2800 多米，五万分之一的地形图上称为二无量山，无量山（余脉）的南端最高峰为西双版纳州勐腊县象明乡的孔明山，海拔 1788 米。

困鹿山处于无量山的中部位置，即二无量山周围。所以我们得出这样一个结论：困鹿山处于普洱茶主产区地理区域的中部位置。

↘ 延伸阅读：普洱茶的得名与普洱茶交易地的变化

普洱茶的得名，史书上早有记载和论述。

最早在历史文献中记载云南茶的人，是曾亲自到过南诏的唐吏樊绰(862年，即唐懿宗咸通三年)，在其著《蛮书》卷七中记载："茶出银生城(即今景东县)界诸山，散收无采造法。"这是最早关于云南茶的记载，也因为这句话，就有了"银生茶"的说法，应该说银生茶就是普洱茶的前身。

宋人李石在《续博物志》中曾写到："西番之用普茶，已自唐时。"这已经明确提出了用的是普茶。后来，清代《普洱府志》载："年运吐蕃之茶高达三万担。"佐证了西番用的是普茶，并且用量很高，在当时的历史条件下运送3万担茶叶也是十分地不易。

明万历年间的谢肇淛(1567—1624年)，在其著《滇略》卷三中，再次提出了"普茶"这个名词，并有了明确的外形描写和制作方法："士庶所用，皆普茶也。蒸而成团，瀹作草气，差胜饮水耳。"此"普茶"也就是后来的"普洱茶"。"普茶"的概念虽说还是比较模糊，但这是普洱茶称谓的正式提出，并记载于文字。同时代的李元阳在他著的《云南通志》中也有同样的记载："从银生(今景东县)行二日至车里之普洱，此处产茶，一山耸秀，名光山。"

"普洱茶"一词首次出现于章履成《元江府志》。清康熙五十三年(1714年)，章履

从不同角度拍摄的普洱山（陈发坤 摄 ）

成在《元江府志》中写道："普洱茶，出普洱山，性温味香，异于他产。"这是历史上"普洱茶"一词首次面世，也明确了具体产地，指出普洱茶是产自普洱山的，同时也提出了普洱茶和其他种类的茶叶有着明显的区别，而此时比普洱府的建立时间雍正七年（1729年）还早15年。

清《嘉庆大清一统志》记载："普洱山，在府境，山产茶，性温味香，异于他产，名普洱茶，府以是名焉。"相同的记载还有清乾隆年间赵学敏所撰《本草纲目拾遗》："普洱山在车里军民宣慰司北，其上产茶，性温味香，名普洱茶。"

《元江府志》关于普洱山的记载

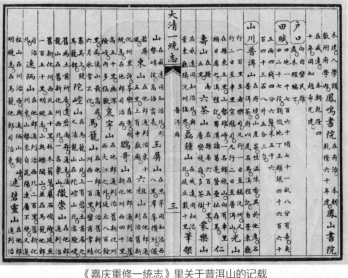

《嘉庆重修一统志》

《嘉庆重修一统志》里关于普洱山的记载

而1916年由藏励龢等开始编纂，1931年成书并由商务印书馆出版的《中国古今地名大辞典》中收有这样一个词条："普洱山地名，（在）宁洱县境，（山上）产茶……名普洱茶，清时普洱府以是名。"民国初柴萼《梵天庐丛录》中记载："普洱茶，产云南普洱山，性温味厚，坝夷所种。蒸以竹箬成团裹。"

《中国古今地名大辞典》关于"普洱山"的解释

1857 年在（俄）阿·科尔萨克著的《俄中商贸关系史述》中有一段关于普洱茶的论述："有一种可以从它上面采集到特殊叶子的茶树，被称作'普洱'或'普洱茶'，据说它的高度达到了 10 俄尺，树干通常有一抱粗。运往欧洲，特别是运往俄国的茶叶主要来自以下地方：云南生产的普洱茶。在恰克图贸易中还有一种被称为'普洱茶'的特种茶，其外观类似坚硬的小球，每个重 10 佐洛特尼克（42.6 克）至 1.5 磅（680克）甚至更多。它们通常用宽笋叶包裹，每包有茶球 1～6 个不等。普洱茶的外观很像白毫茶，只是喝起来显得更为苦涩，味道多少有点苦或者甜。普洱茶在中国很受欢迎，但主要享用它的还是朝廷。"（见郭红军编《云南近代茶史经眼录》）

从这些记载中可以得出一个结论：普洱茶因普洱山而得名。至于后来人们对普洱茶认识和表述的模糊，以及主产地、交易地发生的变化，那是后话了。

我们先来认识一下普洱山。普洱山，似一道雄伟的屏障兀立在昔日普洱府城的西边，站在普洱山上即可俯瞰普洱府的四方古城。普洱山因普洱城得名。普洱山，普洱人叫西门岩子，也称天壁山，《道光普洱府志》称为天笔山，民间也称白虎岩。普洱山属喀斯特地貌，地形地貌犹如武夷山，吻合了陆羽在《茶经》里描述的"烂石为上、砾石为中……"的要求，加上这里属于低纬度、高海拔地区，得天独厚的自然环境，满足了生产优质茶的条件。笔者有机会品赏过采摘自普洱山老茶树桩并保存了十几年的老茶，叶片大而厚实，入口不涩，满口生津，予人一种舒服口感。这种口感似乎含有班章茶的霸气、易武茶的醇和、景迈茶的花香和曼松茶的清甜，可惜真正的普洱山茶很难寻觅了。

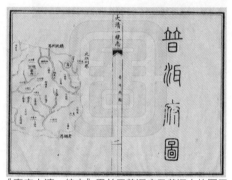

《嘉庆大清一统志》里关于普洱府及普洱山的图示

关于普洱山，在《道光普洱府志》里是这样记载的："天笔山（即普洱山）在城西二里，山顶有仙洞春云，可占雨晴，山半有普安寺普祥寺普陀岩，下有龙潭。"

在老普洱居住过的人都有这样的经历，每当普洱山（西门岩子）"戴帽子"，即被乌云遮住时，大人就会提醒要下雨了。山半的普安寺、普祥寺在"白旗下坝"攻打普洱府时遭毁损，遗址至今还保留着断砖碎瓦，普安寺在上简称上寺，普祥

《道光普洱府志》关于天笔山的记载

重建普安、普祥两寺的功德碑

寺在下简称下寺，从龙潭往上走到普安寺的这条路称为上寺路，至今仍保留着这个名字，普陀岩已经完全毁坏。在普安寺、普祥寺和普陀岩附近有两件事情值得记载：一件是这里过去曾经有一片古茶园，"白旗下坝"时遭到大量毁损，少量的保持到 1962 年毁茶种粮后彻底消失；另一件事是在普安寺和普陀岩附近栎树林里埋葬着唐登岷（原中国人民解放军滇桂黔边纵队第九支队政治部主任、普洱专区地委委员）和陆英（时任普洱县委副书记）的两个儿子的墓，两个儿子是 1953 年因交通不便在东洱河石桥出车祸去世的。普洱是两兄弟的出生地也是归宿地，父母就把他们葬在普洱山上，墓志铭是一首自由诗，寄托了父母的殷殷深情，描述了两个儿子未尽的梦想。

清《道光普洱府志》里记载的"下有龙潭"过去曾是"普阳八景"的"龙潭秋月"，建有龙王庙，嘉庆六年（1801 年），纪晓岚的外甥牛稔文到普洱任知府，过了三年即嘉庆九年（1804 年），牛稔文将单乾元《普阳八景诗》撰写刻石于龙潭龙王庙的墙壁上，这个碑文为普洱府留下了珍贵的文化遗产。1959 年，思（茅）普（洱）分县，指定西门龙潭那片房子作为普洱县防疫站住地，1970 年后，普洱县文工团搬迁到这里住过一段时间，2022 年开始建设一个有亭台楼榭、曲水拱桥、花木相依的美丽龙潭公园。

普洱山是一座文化底蕴浓厚的山。普洱山占了"普阳八景"中的四景，两景在主体山脉，一景是"仙洞春云"，另一景是"天壁晓霞"，另外两景，一景是普洱山脚下的"龙潭秋月"，另一景是普洱山南边的"西岭温泉"。设立普洱府后，对"普阳八景"历代普洱知府知县，都有诗文吟诵。单乾元，江苏举人，清乾隆二十五年（1760 年）任宁洱知县，善诗文，尤工书法，在普阳书院首开先河，吟诵"普阳八景"。之后，牛稔文，直隶天津人，举人，清嘉庆六年（1801 年）任普洱知府，曾任《四库全书》

"普洱山公园"牌坊。牌坊正门上联为：茶源普洱山物竞天择，下联是：道始水湾城古往今来。两个侧门门楣分别题写普洱山著名两景"天壁晓霞"和"仙洞春云"（李天娅 摄）

缮书处分校官，与清朝大文豪纪晓岚是表亲，也留下了"普阳八景"的诗文。郑绍谦，广西临桂人，进士，清道光二十年（1840年）任普洱知府，亦留下了吟诵"普阳八景"的诗文。其他在普洱府任过知府、知县的官员，同样留下了有关"普阳八景"的诗文。

普洱山是一座神奇的山，日出、云海、茶印和佛光是其四绝。

普洱山日出（陈发坤 摄）

近年来，普洱山每年冬季壮观的日出云海，吸引着全国各地的众多游客，也多次登上央视新闻和今日头条。普洱山上有一块岩壁，普洱人称为天壁，石壁陡峭，壁面为彩色，这面岩壁从西边正对着东面的普洱府，当太阳东升时，霞光照射着这面石壁，灿若朝霞，故称"天壁晓霞"。关于"天壁晓霞"，单乾元吟诵的诗句是："一峰缥缈处，春晓气初薰。碧耸擎天柱，红飞捧日出。林藏莺语滑，花衬马蹄芬。仙子帔霞服，晨游玉佩闻。"其他知府、知县同样留下了"天壁晓霞"的瑰丽诗篇。更为奇特的是，在历代普洱知府、知县吟诵不已的普洱山"天壁晓霞"石壁上，经过日积月累，岩缝间自然生长了些藤蔓小树，这些植物构成了一个"茶"字，给普洱茶的得名留下了一个来自自然山水的注脚，称为"茶印"。正所谓"天

普洱山云海（许时斌 摄）

普洱山天然形成的"茶"字，称为茶印

书绝壁茶酽茗香晓喻华夏！"有道是：大美普洱山，最酽普洱茶！

普洱山是一座灵性的山。在普洱山上，如果机缘巧合，可以看到七彩的"佛光"，笔者于20世纪60年代在普洱山脚下的普洱中学读书时，受到课文《泰山日出》的影响，利用周末登山看日出时，巧遇了一次"佛光"，日出时，一个七彩的光环把我们几

个同学照在中间。可惜没有相机没能留下照片，好在多年后写了一篇纪实散文《神奇迷离的天壁佛光》，登载在有关报刊杂志上，后收入 2006 年云南民族出版社出版的《探秘普洱茶乡》一书。

普洱茶因普洱山得名，可惜的是普洱山的古茶树没有得到很好的保护。普洱山古茶树因为种种原因受到破坏，这个问题我会在本书的另一章节用《普洱府址宁洱县古茶树古茶园减少和消失的历史原因考略》一文讲述。但可以肯定的是，在普洱山的西面曼夺村至今还有大茶树，在普洱山也有大茶树和大茶桩，在普洱山下的古普洱府所在地的宁洱城内至今还有几百年的古茶树，这在全国都是罕见的。

为了更好地了解和认识普洱茶的得名与普洱茶交易地的变化，首先，必须搞清楚几个概念，即得名地、原产地、主产地和交易地，其实这几个名称的定义很容易理解，顾名思义而已。其次，要搞清楚这几个名称之间的关系，得名地一定是原产地，也可以是主产地和交易地，但主产地和交易地则不一定是得名地。第三，我们要弄清楚，茶叶的得名一定是原产地的自然地名，这就像农产品的得名，包括各种地道药材的得名一样，一定是原产地的自然地名。所有的农产品，包括茶叶和药材，都有浓厚的地域特点，必然是来自一方水土日月精华的自然结晶，所以，一款茶的命名，在中国历来都是以原产地的地名来命名的。尤其是中国的名茶，都是因产地地名得来的，因为名茶离不开特定的地理环境、土壤气候等各种自然因素，例如西湖龙井、黄山毛峰、太平猴魁、安溪铁观音、武夷岩茶、福鼎白茶、信阳毛尖等，还没有听说以交易地命名的。第四，我们要了解，一款茶的得名，主要与地域、茶的独特品质有关，与茶的面积和产量无关，就像龙井茶当初得到乾隆帝钦定的也就是 18 棵，武夷岩茶大红袍母树也就是武夷山岩上那 6 棵。

认真地了解历史并仔细阅读各种史籍和有关的书籍，可以更好地了解普洱茶的得名和普洱茶交易地的变化。

普洱府因普洱茶设立。

宁洱县茶源广场浮雕上的题字"普洱茶因普洱而得名，普洱因普洱茶而扬名"（罗涛 摄）

设立普洱府最主要的目的是便于组织、生产和上贡普洱茶，其次，在当时清政府缺少税收来源的情况下，设立普洱府可以从普洱茶上收到更多的税收，另外，在普洱府管辖范围内，还有磨黑井、按板井、香盐井、石膏井等地大量的盐税，当然设立普洱府还可以保障华夏版图南方的安全和完整。设立普洱府前后很长一段时间，普洱茶交易中心一直保持在普洱府所在地即今宁洱县。

普洱茶因普洱山得名只不过是更具体、更明确、更科学而已，与流传很广的"普洱茶因普洱而得名，普洱因普洱茶而扬名"

普洱山牌坊

这句话并不矛盾。之所以能流传很广正说明这句话反映了历史的真实而得到了认可。至于说因交易地而得名，这既不符合中国历来对中华名茶命名的传统，也忤逆了历史的真实。茶的得名是依据茶的产地而得名的，当然得名地自然是原产地，也可以是主产地和交易地，但主产地和交易地则不一定是得名地。

普洱茶交易地或者交易中心则根据交易形式的需要随着朝代的不同发生着变化。据史料记载，唐代在银生城（今普洱市景东县），宋代在四川雅安，清代以后在云南丽江、普洱（现宁洱）、思茅、倚邦、易武、勐海等地出现了普洱茶交易地或者交易中心。

唐代普洱茶交易地在银生即今普洱市景东县。唐代陆羽写《茶经》时，因为南诏国没有归唐朝管辖，所以不可能写到普洱茶，但同时代的唐吏樊绰在《蛮书》里写到"茶出银生城界诸山"，由此推断那时的茶叶交易地应该是在银生府即今景东。

宋代最早期的茶马交易市场在今四川的雅安。宋代形成了"茶马互市"后，商人们将云南、四川等地的茶叶、盐巴和内地的丝绸织物等运往康藏地区，再将康藏地区的马匹及各种山货运回。为此，宋朝政府特在雅安设立了茶马互市司和交易市场，定期组织大规模的"茶马互市"活动。

丽江茶叶交易中心的出现。

清顺治十八年（1661年），刘健《庭闻录》载："北胜（今丽江市永胜县）边外达赖喇嘛干都台吉以云南平定，遣使邓几墨勒根赍方物及西番蒙古译文四通入贺，求于北胜州互市茶马。"吴三桂征服云南后被封为平西王，看到云南丰富的茶资源，他认为有利可图，于是正式奏请朝廷，建议在云南丽江开市易马。吴三桂的奏文获得皇上恩准，于是在丽江有了"茶马互市"的交易市场。"茶马互市"不仅满足了西藏人民对茶叶的需求，而且在政治上把西藏和内地紧密地联系在了一起。王廷相《严茶议》云："茶之为物，西戎吐番古今皆仰给之，以其腥肉之物，非茶不消；青稞之热，非茶不解，故不能不赖于此也。是则山林茶木之叶而关国家政体之大，经国君子，固不可不以为重而议处之地也。"（见王敏正《普洱茶极简史》）丽江茶叶交易中心出现时，普洱府还没有建立。

《庭闻录》记述了丽江茶马互市

普洱府建立前后一段时间，普洱茶交易中心一直在普洱。

清雍正七年（1729年），置普洱府，并将普洱茶列为贡茶，在普洱设立茶局，对普洱府辖区茶叶实行更为有力的规范管制。云贵总督鄂尔泰在普洱府所在地建立贡茶厂，制成金瓜贡茶进贡皇室。[见梁名志主编的《普洱茶科技探究》（云南科技出版社）]乾隆六十年（1795年），朝廷钦定普洱八色贡茶，为团茶（分5斤、3斤、1斤、4两、1.5两共五种），其他还有瓶装芽茶、蕊茶、茶膏。普洱茶被列入宫廷贡茶后，名气越来越大，刺激了普洱茶的发展。普洱茶在清朝达到了鼎盛时期。

至于后来普洱茶的主产区和交易中心的变化，最先则主要是因为茶赋税加重，茶农不堪重负，导致茶树被砍伐，茶园荒芜，产量下降，后来是由于政治动荡、战争和瘟疫等，致使产地中心和交易中心逐渐南移，还因为饥荒也导致了砍茶种粮致使茶园减少，产茶中心逐步离开普洱府所在地，交易中心移往思茅。

鉴于思茅逐步成为茶叶交易中心，思茅在茶叶贸易中的位置凸显出来，于是清政府在雍正十三年（1735年）设立思茅厅，裁思茅通判，改思茅同知，辖车里、六顺、倚邦、勐腊、勐遮、勐阿、勐龙、橄榄坝土司及攸乐土目共八勐地方，以便于更好地管理茶叶。

易武茶叶交易中心的出现。1919年，思茅城里鼠疫、疟疾渐发，茶商渐走转入倚邦、易武，易武、倚邦茶业兴旺，一度成为普洱茶贸易和集散中心。[见梁名志主编的《普洱茶科技探究》（云南科技出版社）]

勐海普洱茶交易中心的出现。辛亥革命以后，很多国人看到了中国积贫积弱的情况，也看到了西方工业革命带来的好处，于是开始了实业救国的道路，在云南种植茶叶、开办工业制茶必然是一条路子，所以在那个时期开始了大规模发展茶业、开办茶厂。

对勐海茶业的发展及边贸情况，最有发言权的是1901年出生于宁洱县的傣学家兼茶业实业家李拂一，在他著的《勐海茶业与边贸》一书中详细介绍了许多情况。李拂一的夫人是柯祥贞，妻妹叫柯祥凤，柯氏姐妹在李拂一的支持下在勐海成立了李氏"复兴茶庄"。李氏"复兴茶庄"有茶灶二盘,年产制茶2500担。1930年时,佛海的茶庄已有七八家,虽然当年的茶庄生产皆属手工业作坊式生产,但积少成多,生产量已不少,面临的问题是销售市场,仅依靠过去把茶叶运到思(茅)普(洱)转运他地的方法会有交通险阻问题,成本太大。所以,李拂一先生与"可以兴茶庄"庄主周文卿等茶商协商南行,打通东南亚茶叶销路。1927—1945年,李拂一先生曾多次南行东南亚,到缅甸仰光、泰国曼谷、马来西亚、新加坡、印度加尔各答,再绕道越南西贡,至河口转回昆明。由于李拂一先生多次南行宣传推动,勐海的茶叶生产得以快速发展。1929年,李拂一南行回勐海后即与勐海商会主席周文卿商量,制得圆茶百驮,一部分运销香港,一部分运销缅甸首都仰光,又制得紧茶500多驮,就地卖100多驮,余400驮,雇马驮至锡金,换火车至缅甸仰光,再换轮船运至印度加尔各答,打通了外销茶叶新路。

民国初年,西双版纳江外地区也推行了"改土归流",汉人开始进入勐海地区经营茶叶。1920年,纳西商人杨守其发现了一条进入藏地的新道路,他们从勐海出发,由马帮将茶驮至缅甸景栋,在景栋换成汽车,中途再换成火车运输到仰光,在仰光换轮船运到印度加尔各答,再换成火车和缆车经西里古里运达印度的葛伦堡将茶叶出售,茶商最终贩运至后藏。这条进藏新茶路比经思茅、宁洱、景东、巍山、下关、丽江、迪庆到拉萨远1000多千米,但由于使用了现代交通工具,实际运输时间缩短了三分之二,成本下降了。这极大刺激了勐海、车里(今景洪)的茶叶产业发展,进藏茶叶由过去每年3000担猛增到每年3万担左右(见王敏正《普洱茶极简史》)。由于交易量大,这个时期的勐海已经发展成了普洱茶交易中心。

从以上历史资料可以看出,普洱茶交易地和主产地在几百年乃至更长的时间里曾多次发生变化,但普洱茶的名称并没有因为交易地的变化而变化,始终称为普洱茶。

普洱茶因最初生长于普洱并因普洱茶独特的口感滋味和对人的保健功用而成名后,名称一直没有改变过。只有普洱茶交易地不断发生着变化,一旦普洱茶交易中心或者交易地发生变化,与之相关的一切都会发生变化,例如茶马古道也在发展变化。随着普洱茶交易地的变化,普洱茶马古道也会在大方向基本不变的情况下,短的路线稍微会作小的调整。例如在以普洱(今宁洱)为交易中心转变为以思茅为交易中心时,通往缅甸的茶马古道或者说从勐海驮运茶叶到普洱府的茶马古道就有小的变化,以普洱(今宁洱)为交易中心时,这条路线主要是从普洱府的宁洱出发,经德化的石丫坡茶马古道,过团山,到白云渡、腊撒渡口,到澜沧,再到勐海转缅甸,也可经德化转白马山,过糯扎渡,到澜沧或者勐海,再到缅甸。而普洱茶交易中心转到思茅后,通往勐海、澜沧再转缅甸的这条路线,就不再过德化石丫坡,而从思茅过南邦河,经白马山到虎跳石,过糯扎渡,再转澜沧或者勐海到缅甸了。所以,德化石丫坡茶马古道至今还保留得比较完好。

第三节　困鹿山夹持在前后两条茶马古道之间

困鹿山夹持在官马大道和藏马大道，即前路（北路）和后路（西北路）之间。

从普洱茶的源头和茶马古道的起点普洱府出发，有五条茶马古道（也有把通老挝的单列，称为六条的，本文为叙述方便，归为五条）。一条是北路茶马古道，即从普洱府出发经昆明过川陕到北京运送贡茶给官府的这条大道，称为官马大道，老普洱人称为前路，列为北路茶马古道；第二条是西北路茶马古道，即经景谷、镇沅、大理、丽江进西藏的藏马大道，老普洱人称为后路，列为西北路茶马古道；第三条是西路茶马古道，即从普洱出发，经德化镇，过澜沧江腊撒渡口，经澜沧、孟连入缅甸，或者经澜沧江畔壮观的白马山茶马大道过虎跳石然后过澜沧江，再经整控摩崖石刻过勐往、勐海，经打洛入缅甸；第四条是南路茶马古道，即从普洱到思茅进入倚邦、易武古六大茶山，也可过勐腊入老挝；第五条是东路茶马古道，即从普洱过江城进越南莱州，经水路到香港转口东南亚等地的国际贸易，这条茶马古道也称为水路茶马古道，也可转入老挝。

我们来看看困鹿山是如何夹持在官马大道和藏马大道，即前路（北路）和后路（西北路）之间的。

官马大道在与困鹿山东面相邻的山梁上蜿蜒延伸。官马大道，即老普洱人称的前路（北路），前路从普洱府所在地宁洱县出发，离开马店街，入南城门（怀远门），经马入巷子，出普洱府东城门（朝阳门），过月城迎恩门，从玉溪会馆旁过，到迎官厅，经元宝山寺，过迤南兵道和普洱镇总兵训练兵马的校场坝，经石桥寨、朝阳寨、金竹林，然后经大围墙头酒坊抵达茶庵塘（茶庵塘：这里最早有傣族的缅寺，傣族迁走后，改普济寺。还传说一个茶商家的女儿嫁了个马锅头，马锅头赶马进京，杳无音信，这家有钱人就在官马大道边盖了庵，让女儿出家，一直守望在古道边，同时在这里供应

北路茶马古道之茶庵塘

全国重点文物保护单位茶庵塘路段遗址之茶庵鸟道

北路茶马古道之孔雀屏路段遗址

北路茶马古道之孔雀屏古道人家

北路茶马古道之孔雀屏茶马古道

北路茶马古道之墨江水癸河

北路茶马古道之碧溪古镇

北路茶马古道之墨江县城老街

茶水和各种吃的，提供马帮"打尖"。还因清政府在这里设塘驻兵，故称茶庵塘），走茶庵鸟道，过十八道河，到磨黑。第二天经过磨黑老街，赶到孔雀屏驻店。第三天再从孔雀屏出发，到把边，过魁阁塘（这里也驻兵），渡把边江铁索桥到通关。第四天在金马通关必须检查通关的"茶引"，之后过墨江、碧溪、元江、青龙场、杨武、峨山、玉溪、呈贡、昆明、曲靖、石门关等地，进入四川成都，再经陕西、山西、河北，抵达北京。

　　藏马大道在困鹿山西面低洼的河谷里曲折穿行。藏马大道，即老普洱人称的后路（西北路），后路同样从普洱府所在地宁洱县出发，离开马店街，入南城门（怀远门），经马入巷子，出普洱府东城门（朝阳门），过月城迎恩门，从玉溪会馆旁，过到迎官厅，经元宝山寺，过迤南兵道和普洱镇总兵训练兵马的校场坝，前路和后路就从这里分开。藏马大道一路向西北行，经民安蛮肥过临安寨，走五里坡，翻背阴山的过气山垭口，经谦岗塘西萨塘（塘为过去驻兵的地方），到景谷，过芒玉大峡谷，然后经等黑桥（因等赶马锅头而至天黑），过镇沅难搭桥，经景东、弥渡、下关、大理、丽江、中甸、德钦，入西藏。

西北路马帮用品

西北路茶马古道之小景谷纪襄廷八孔桥面

西北路茶马古道之等黑桥

西北路茶马古道之芒玉大峡谷

西北路茶马古道之难搭桥

困鹿山就夹持在这两条茶马古道之间，聆听着悠悠的驼铃声渐行渐远。

了解了前路和后路，我们再来认识和了解一下其他三条茶马古道。

先来看看南路茶马古道。南路茶马古道是从普洱府所在地宁洱县出发，经头塘（头塘是从普洱府往南第一个设塘驻兵的地方，故称头塘），到南门口，至此茶马古道可分为两段，一段供驮盐的马帮经土锅寨，到石膏井，再从石膏井经椎栗河，到烂泥坝、那柯里等。另一条经"普阳八景"之一的回龙寺，到勐海田的塘房（过去驻兵的地方），在大门寨打"尖"（"打尖"是赶马人的语言，即简单吃点东西，因这里罗姓人家的一道大门而得名），赶到烂泥坝、那柯里（这里有荣发马店，店门对联：关山南越谁为主，萍水相逢我做东。那柯里设兵6名，归中营左哨头把总管辖），或者在坡脚歇脚住马店，然后第二天经白都其，爬斑鸠坡，再下腊梅坡后，进入思茅。之后，经倚象，过拦门山，进入倚邦，再到易武。也可从思茅过南邦河，经白马山，跨过虎跳石，过糯扎渡，经整控，进勐海，出缅甸。或者过糯扎渡，进澜沧，再经孟连入缅甸。

南路茶马古道之那柯里

南路茶马古道之昔日繁华的倚邦街（2008年1月1日摄）

南路茶马古道之倚邦公主，2006年12月拍摄于倚邦蛮拱大黑树林

南路茶马古道之倚邦茶马古道（2006年12月拍摄）

南路茶马古道之斑鸠坡留下深深的马蹄印

西路茶马古道德化路段（杨恒伟 摄）

西路茶马古道澜沧江畔白马山石头
上开凿出的茶马古道（图片来自网络）

西路茶马古道马帮用具

西路茶马古道全国重点文物保护
单位——石丫坡茶马古道遗址

再来看看西路茶马古道。这条古道从普洱府所在地宁洱县出发，经过普洱山旁的望城坡，过西岭温泉，到今德化镇的窝拖，过石丫坡茶马古道，经扎底箐老方寨、老白寨，过勐泗村慢景的团山，再到赶马寨，然后经白云渡口，过小黑江，再经腊撒渡口，过澜沧江，由澜沧、孟连入缅甸。或者经澜沧江畔壮观的白马山茶马大道过虎跳石，过澜沧江，经整控摩崖石刻，过勐往、勐海，经打洛，入缅甸。普洱茶交易中心南移到思茅后，马帮很少走德化石丫坡茶马古道，而是直接从思茅过整碗，到六顺，再到澜沧江，过虎跳石，经勐海，入缅甸。

西路茶马古道至今保留得很好的一段是在石丫坡，被列为全国重点文物保护单位，在扎底箐路口立有一块"全国重点文物

西路茶马古道之澜沧江腊撒渡口

保护单位云南茶马古道石丫坡路段遗址"的石碑，这是中华人民共和国国务院于2013年3月5日公布，云南省人民政府2018年8月16日立的。澜沧江畔的茶马古道也是很壮观的。"白马山茶马古道位于思茅区思茅港镇弯手寨村西南4千米的澜沧江东岸，人工直接在江边岩石上凿成近千级台阶，非常壮观，现存状况较好。行走在茶马古道上，可以鸟瞰澜沧江，沿途风光秀丽。古道穿越傣族、布朗族、哈尼族聚居区，民族文化绚丽，该古道现在仍然为当地民众的生产、生活发挥着重要作用。"（摘自普洱市

博物馆《普洱市不可移动文物》)。过了澜沧江后，在澜沧县糯扎渡镇雅口村的大歇场，是茶马古道的一个重要站口，如今在这里建有茶马古道博物馆。沿着西路茶马古道，分布有零星或者成片的古茶园，在德化镇的干田村和荒田村有分散的高大古茶树，在勐泗村的慢景有团山古茶园，在思茅港镇有茨竹林古茶园，在碧安有碧安大山古茶园，辐射到的古茶园那就更多了，有澜沧的景迈山古茶园、邦崴古茶园、东卡河古茶园，有勐海的勐往古茶园、西定巴达古茶园，还有孟连的蛮中古茶园、腊福古茶园等。这条经德化石丫坡入缅甸的茶马古道，因普洱茶交易中心南移到思茅、易武后，过德化这一段慢慢沉寂下来，所以如今在宁洱县的德化镇石丫坡茶马古道得以保存得比较完好。

东路茶马古道马帮用具

东路茶马古道之李仙江土卡河

最后看看东路茶马古道。这条古道从普洱府所在地宁洱县出发，过勐先，经黎明，进宝藏，再到江城，到达曲水，从坝溜进入李仙江，经水路进入越南莱州，再经由海运到香港转口国际贸易到新加坡、马来西亚等地。也可从思茅出发，经石膏箐、曼克老、整董，到江城，再到达曲水，从坝溜进入李仙江，这条茶马古道因为从水路走，也称为水路茶马古道。

现今我们习惯称为的茶马古道，历史上有多种提法，也经历了许多演变。有的地方叫五尺道，有的地方直呼石镶路，其实，茶马古道就是在当时的历史背景下，以马帮为交通工具，以运输茶叶、盐巴、各种山货及生活用品为载体，连接着人们生活居住地方的通道。这些通道有的是土

东路茶马古道之江城老街

路，有的为石镶路。这些通道就是物流和人流迁徙交往的道路，在有限的交通环境下，只能依靠马帮、牛帮和人力，走的人多了，就有了路，走的人多的道，就成为了大道。秦开五尺道，明朝建立了堡驿制，清朝沿袭了明朝的堡驿制后出现了各种驿站，维修了主要的古道，设立汛塘，保证了这些主要大道的通畅和安全，就形成了现今大家习惯称为的茶马古道。

茶马古道的起点在哪里？由于人们习惯于从自身作为观察问题的立足点和出发点，往往会产生一个以自我为中心的思维，我们且称为点思维，所以当问及何为茶马古道起点的问题时，人们往往就会以自己所在地作为出发点或者起点来看待，这是有局限的。还有一种情况，就是仅仅站在一条古道线上来说，我们称为线思维，线思维往往会把一条古道的起点作为单一的起点，进而解读为茶马古道的起点，这也是十分局限的。而我们所说的普洱茶马古道的起点，主要是运输普洱茶的起点，是从更多维，更有代表性，也更符合历史的考量来说的，从这个角度称普洱府所在地宁洱县为茶马古道的起点是符合逻辑的。

宁洱县既是茶马古道的起点，也是茶马古道网络的中心点。2006 年 4 月 9 日，云南省文化厅、云南省交通厅、云南省茶马古道研究会在茶源广场建立了"茶马古道零公里碑"。在"茶马古道零公里碑"的左侧镌刻着"茶之源道之始"，右侧镌刻着"普洱府二百七十七周年祭"。云南省测绘地理信息局和宁洱哈尼族彝族自治县共同于 2015 年 6 月 27 日在茶源广场建立了"茶马古道源头零公里标识"碑，标注了茶马古道起点的经纬度，背面是"茶马古道介绍"。

普洱府所在地宁洱县，作为"茶马古道零公里"的起点，如今仍然是茶马古道遗址保存最多、保护开发和利用得最好的地方。那柯里如今已经发展成了一个美丽乡村，并成为茶马古道旅游的一个重要窗口。

南路茶马古道之那柯里

南路茶马古道之风雨桥

南路茶马古道之荣发马店

那柯里：昔日茶马古道上的重要驿站，今朝已建设成美丽乡村

📌 延伸阅读：清代茶马古道与"汛、塘、关、哨"军事戍守制度

茶马古道与"汛、塘、关、哨"军事戍守制度是密不可分的。清代的茶马古道沿袭了明代的军堡驿站制，清代的"汛、塘、关、哨"军事戍守制度基本与明朝哨戍相同，不同的是明代的哨戍为军籍，清代戍守主要是招募。

清代的茶马古道基本沿袭了明代的军堡、驿站、巡检司制度。

我们可以从明正德《云南志》卷二里得到考证："云南有驿无递，故以堡代之，有驿必有堡，堡主递送，领以百户，世职其事，实以军士，世役其事，官军皆国初拨定人数，环堡居住，有田无粮。"这段文字说明了，堡军世守其职，环堡驻扎，垦田自给，逐渐形成军户聚居的乡镇。除了堡还建立了驿站。明兵入滇之初，即设置邮传，征发当地居民，随其疆远近，开筑道路，以 60 里（1 里 =500 米，全书特此说明）设置一驿。每一驿站，供马十数匹或二十余匹，设马头十余名，库子、馆夫一二名，站内一切支销（如铺陈、鞍具、草料、马夫、工银等）例有站银，指定州县民户应役，岁派银两，定为额办。驿传递运，为当时政务较重的一项。驿站大都设在交通线上，委派驿丞管理。随着交通发展，商业经济繁荣，驿站也逐渐发展为村寨乡镇。

进入清代以后，随着普洱茶的兴盛繁荣，促进了茶马古道的交流发展，也带动了驿站的繁荣。同时由于茶盐赋税的征收，使得"汛、塘、关、哨"的戍守制度在明朝哨戍制度的基础上得以延续发展，马帮茶道保持了流通，外敌不敢入侵，边境得以巩固。普洱府为中央政权的发展和巩固作出了很大的贡献。

清代实行的是"汛、塘、关、哨"军事戍守制度。清兵入滇后，为巩固统治，建立了绿营兵制。绿营别于八旗，八旗是清代旗人的社会、生活、军事组织形式，丁壮战时皆兵，平时皆民，使其军队具有极强的战斗力，而绿营制主要是招募为军，设督标、抚标、提标，提督统率若干镇、协、营，分布在云南各地。清时在普洱设镇，统率中、左、右三营，当时云南共有五十三营。镇称总兵，协称副将、营称参加、守备、游击、都司，以下则称千总、把总、外委、额外外委等职，设"汛、塘"驻防。清朝时期，普洱府的军事

茶马古道（陈发坤 摄）

戌守制度主要是：镇、营、汛、塘、关、哨。关哨有固定的，也有不固定的，也叫传递信息的信房。据《普洱府志》记载，雍正九年（1731年），普洱镇辖中营驻防府城，外围……共有30个"塘、讯、卡"，有讯兵1200人。

清代绿营兵制，设"镇、协、营"于各地

茶马古道（陈发坤 摄）

驻守，有事调遣，事毕返回防区。绿营兵分防布置，防区称为汛地，委千总、把总领兵驻守，盘诘往来行人，维持道路畅通无虞，同时严格检查"茶引"。汛有固定防区，又分设很多的塘房及关哨，派兵丁驻守。所有州、县境内，普遍设立。清道光《云南通志》卷四十三载：汛塘关哨名目，并记分防兵额与建制。其《总叙》说："关哨汛塘之制、诘奸究而戒不虞""设立哨塘，分置兵役，星罗棋布，立法至为周详"。大抵每县至少设置一汛，分兵在"塘、关、哨"驻守。在社会经济较为发达的地区，如云南府、曲靖府、徵江府、临安府、楚雄府、大理府、鹤庆府、姚安府等处，大都设一汛驻城内，分"塘、哨"于山区。至于边远各府则多设"汛"，如丽江府、永昌府、顺宁府、普洱府、元江府、开化府、广南府各处，大都明代不设卫所，清初改土设流，人口稀少，土地未开垦，则多设"塘、哨"关卡。

清代绿营兵制，拨镇协营兵，分防"汛、塘、关、哨"，全省总计三千余点。内地各府塘房关哨多分布于山区，边境各府则遍于坝区与山区。"汛、塘、关、哨"遍布全省，密如蛛网，山险路僻之区，亦设卡立哨，声气相联。驻防士兵，大都是应募的穷苦百姓，他们于防区开山地、辟农田、修道路、兴水利、建村舍，促进了云南山区和边地社会经济的发展。清代的"汛、塘"制度是明代卫所制度的继续与发展，是清代云南政区设置的一个创新，它有利于巩固封建统治；对于开发云南山区，促进清代云南经济的迅速发展有重要的作用；促进了云南经济结构的改变，使云南大部分地区迅速由封建领主制过渡到地主土地所有制，为清代的改土归流创造了经济条件，提供了社会基础。

如今，我们可以从普洱府周围的茶马古道以及塘房遗址，追溯到清朝乃至明朝的历史。明代以60里建一个驿站，流传至清朝，民国时期仍然沿袭了历史上已经基本形

作者在那柯里向学员介绍茶马古道

成了的茶马古道路线，只不过有些驿站，在路程长短上会随着各种原因而略有变化，有的会超过 60 里，而有的则不足 60 里。从普洱府所在地宁洱到那柯里，从那柯里到思茅，或者从府址宁洱到磨黑，从磨黑到孔雀屏，行程大约都是 30 千米左右，即 60 华里，都建有驿站，设有"塘"，派兵驻守，在驿站附近都聚集成了村落，至今还可找到遗址文物。另外，围绕着普洱府周围也有许多塘房和哨所信房，例如从普洱府往南，驻兵的第一塘是头塘，即今宁洱镇新塘村的头塘村民小组，沿着茶马古道到达勐海田这里也设置"塘"，而勐海田这个"塘"已发展成为一个村落就叫塘房，从普洱府出发沿着前路即官马大道到达茶庵塘，这里不但设置了塘坊有兵驻守，还因为这里处于普洱和磨黑之间，是马帮"打尖"的地方，所以这里还有普济寺和吃食铺子。从孔雀屏出发到达把边，设有把边江塘（也称为魁阁塘）。沿着藏马大道，有谦刚塘、西萨塘等，在小景谷与民乐分界处的大山，叫塘坊梁子，这里过去也曾经设过"塘"，驻过兵，至今还有房屋的基石。思茅的信房水库所在地，过去就设有哨所传递信息，而得名信房。在宁洱县的西萨和德化镇也有地名叫信房。

普洱府文化学者周少仁同样作了调查，并写了一篇文章为《同心勐海田：有茶有历史》，文中提到了勐海田的塘房。他是这样写的："勐海田是古代茶马古道必经之地。南下，从清代普洱府驻地宁洱县城南门出发，途经宁洱新塘（头塘）、太达南门口，过同心勐海田，再过大桥、头道河和烂泥坝、那柯里直至思茅城；北上，则反向而行到达宁洱城。"勐海田的"塘房"，就是清代普洱府在此设塘驻兵而得名。据清光绪二十三年（1897 年）重修本《普洱府志》卷十二载："勐海田塘 [旧志] 在府城南二十五里，今设兵四名。汛塘制是清代改土归流后实行的一种具有军屯性质的兵戍制度。在云南全省分设汛、塘、关、哨、卡于险要山区，招募士兵戍守。而勐海田设塘驻兵，可见其地理位置的重要。"

从史籍和实际的田野调查可以看出，无论是明朝时期设置的军堡驿站，还是清朝的茶马古道，都和当时军事守卫制度密不可分。清朝的"汛、塘、关、哨"兵戍守卫制度与明朝哨戍相同，都是军事守卫制度，不同的是明朝的哨戍为军籍，军户世袭，平时为民，战时为兵，开屯授田，守哨轮值，这是一个苦役差事；清朝的"汛、塘、关、哨"守卫兵役与明朝的军籍不同的是，清朝主要是招募，招募的兵役多为受压迫流落的穷民，分防汛地、塘房、哨所。清朝招募的兵役年老力衰时退役，此时他们返乡归原籍之心已淡，吃粮安家定居为常，各自垦田立业，所以在"汛、塘、关、哨"兵役驻地附近，往往聚集成村落屯寨。

方国瑜主编的《云南郡县两千年》一书，提供了明朝堡驿和清朝绿营兵制的组织和分布，也可了解到清朝云南在行政机构上设置了 13 个府、3 个直隶州、7 个直隶厅，而普洱府下设了 3 个厅即思茅厅、威远厅、他郎厅，还有宁洱县、车里宣慰司、勐海、勐混、勐遮、勐满、勐腊、易武、整董、勐旺。清乾隆三十一年（1766 年）十月，因迤东道驻曲靖，而迤东道所辖十三府，境界辽阔，稽查难周，故添设迤南道，驻扎普洱府城，领普洱府、镇沅府（后改直隶州）、元江府（后改直隶州）、临安府。这些都为我们了解茶马古道和普洱茶文化提供了许多方便和资料，充实了我们关于驿站、塘房等许多具体名称的知识，知晓了来历，扩充了内涵。

从普洱府辐射出去的五条茶马古道沿途，至今还流传着许多赶马人的用语。例如"开稍（也作烧或哨）"即为埋锅煮饭或者简称吃饭，"打尖"即为简单吃点东西打点一下舌尖，"打野"即为在野地露宿，"打雨"即为雨季马帮不出门，背夫和挑脚的如果和大马帮在一起过夜称为"搭夜"，到马店预定食宿叫"号店"，供马帮做饭吃和喂马料的场地称"稍场"等。

到了民国时期，茶马古道早已经成型，过去的军堡已经发展成了较大的村镇，过去的驿站也已形成不小的村寨。发展较快的地方已被公路替代，只有偏僻的地方，还沿袭、保留和使用着茶马古道。

20 世纪 40 年代后，公路已由昆明修到了玉溪，但路面坎坷不平。从玉溪到普洱还得依靠马帮走古道，在 1938 年陈碧笙写的《滇边经营论》一书"第三编滇西南行日记"中，可以了解当时茶马古道的情况。我们从中摘录一些片段，以飨读者："由玉溪至磨

黑计十二站，约八百里，行十三日。""由磨黑至
普洱。昨夜雇的二马，九时辞磨黑，李君昆送至
街口而别。出坝登坡，皆石阶，愈上愈平，十五
里坡头，转而下为长安塘，又名茶庵塘，临近有
普济寺为普洱名胜之一。人户七八，售茶饭鸡酒，
在此午哨……二时下坡，皆平可骑，过石灰窑偷
酒坊金菊林（原文照录而已），约十里坡尽入普
洱坝中行，路旁田畴交错，村落密集，山峰清秀，
气候和美，纵马而行不复知倦。过较场坝平直如
失为清代练兵之处。又五六里石路抵普洱北门，
额曰迎恩，封建思想之残留也。绕至南门外，下
榻成兴马店，计行四十五里。饭后出街散步，参
观省立中学中山纪念馆并访左强庵校长。""……
九日由普洱至烂泥坝（过去以那柯里为中心烂泥
坝和坡脚都有马店）。""……十日由烂泥坝至思
茅。"

马店街尹家马店旧址

孔雀屏马店，至今仍保留着彩绘的大门、
雕刻的门庭

　　中华人民共和国成立以后，在 20 世纪 50 年
代初就开通了从玉溪至打洛的公路，这条路称为
昆洛路，也称国道 213 线，再后来就变成了昆曼
高速即 G8511，从弥渡至宁洱的公路接着也修通
了，称为弥宁公路 214 线。从此，大范围内结束
了马帮的历史，只在很偏远的山区留存了少许的
马帮。20 世纪 90 年代末期，马店才逐步消失。

　　从史籍里我们可以追溯茶马古道斑驳的历史
印迹，聆听到古代悠扬久远的声声驿铃，不禁让
人感慨良多，历史发展瞬息万变，世界变化稍纵
即逝。小的时候走在马帮路上，断然不会想到老
了的时候，高铁、高速路等现代交通四通八达，
人们可以乘坐汽车、火车、飞机，行游天下。

　　马帮以及茶马古道作为历史，永远地留在了
记忆里。

第四节 现代交通和野生大象同样与困鹿山擦肩而过

困鹿山位于无量山脉其中的一个主脊上，植被丰富，层峦叠嶂，云遮雾罩，所处的区位虽然使得它与现代交通息息相关，但却又始终保持着良好的生态环境，与野生大象包容并存。

早在 20 世纪 50 年代，地处边陲的普洱茶区刚刚开通的两条公路，就从困鹿山的东西两面山下擦肩而过，而 2013 年建成通车的元磨高速公路以及 2021 年 12 月建成通车的铁路同样处于距离困鹿山不远的东面。

中华人民共和国成立后，毛泽东主席以及党中央极为重视边疆地区公路建设，决心彻底改变人背马驮的交通状况，毛泽东主席亲笔题写："为了帮助各兄弟民族，不怕困难，努力筑路。"朱德总司令题写："以一往无前的精神，战胜天险，打通昆洛交通，实现巩固国防，繁荣经济的光荣任务。"1951 年 1 月 24 日，云南省人民政府转发了政务院总理周恩来批准的昆洛公路测设标准，2 月，西南军政委员会交通部下令组成昆洛公路工程处，9 月，云南近 9 万翻身农民听从党中央毛泽东主席的号召，自带锄头等工具和简单的行李，扛着红旗浩浩荡荡奔赴筑路工地，与工人、技术人员一起，冒着土匪猖獗、瘴疬威胁、野兽袭击的危险，奋战 3 年零 3

左上角的山即是困鹿山，右下角是昔日的孔雀屏茶马古道和乡村便道，中间是老昆洛路和高速路（陈发坤 摄）

困鹿山附近的臭水立交，高速路上边是昆洛路，昆洛路上边是茶马古道

昆明通往曼谷的高铁与困鹿山擦肩而过，穿过宁洱县城（陈发坤 摄）

个月，在昔日茶马古道穿越的崇山峻岭间，一步步打通了通向祖国西南边陲的干线公路，1954 年 12 月 27 日，玉溪大梨园至勐海全长 674 千米公路全部竣工。建成通车的昆明至打洛公路，就从困鹿山的东边跨越把边江、过臭水、经松丫，到磨黑宁洱，再到思茅景洪，抵达终点勐海打洛。1955 年下半年，我妈就带着我、我姐及妹妹乘坐蒸汽车沿着新开通的昆洛路，从墨江到普洱投奔调动工作的父亲。

弥宁公路从大理州弥渡县至原普洱专区宁洱镇，于 1951 年 11 月开工，1953 年元旦，毛路全线通车，历时 1 年零 2 个月。在普洱专区境内，弥宁公路从景东县鼠街（现安定乡）至普洱县宁洱镇，从无量山和哀牢山脉中间穿过，途经景东、镇沅、景谷、普洱 4 县，全长 372 千米。这条弥宁公路过了景谷后，跨过小黑江，经铁厂到西萨，从困鹿山的西边蜿蜒而过，抵达宁洱。

20 世纪 50 年代，在普洱茶区最早建成的这两条公路，取代了困鹿山前后的两条茶马古道。而 2003 年 12 月建成通车的元磨高速公路，2021 年 12 月建成通车的高铁，同样跨越把边江穿过磨黑，处于困鹿山不远的东边。

困鹿山离现代交通不远，但仍然保持着良好的生态环境。

在 20 世纪就有野生大象光临。1996 年 7 月，一头独象来到困鹿山山脊线南面的民主村，还在那里伤了一个人，然后沿着这条山脊线，来到硝井村、谦岗村、西萨村，过了西萨的曼端，经过曼端的夹象沟（"夹象沟名称的来历是否与野象有关"这个问题已无从考察，但每一次野象到来都会从这里经过），之后串到景谷县正兴乡。考虑到这头独象的危害性，经请示，得到云南省林业厅同意后，在正兴乡使用麻醉枪麻醉后，用大车把这头独象送到大象学校。

野生大象每年都有离开栖息地，外出觅食迁徙的习性，它们沿着出发的路线，一路逛吃，然后到了秋天或者适当的时候，再沿着出发的路线返回。看来困鹿山这条从宁洱镇的民主村、民安村、硝井村、谦岗村、昆汤村、宽宏村延伸过来的南北向的山脊线，变成了野生大象每年春季后，都要迁徙经过的一条路线。

后来的年份，不时都会有1~2头大象走过这条困鹿山的山脊线。

最近两年，野生大象光临得更频繁，头数也多起来。我们来看看最近两年的详细情况：

2020年，有几头大象顺着东西两条茶马古道夹持的这个山脊，从宁洱镇管辖的的民主村、民安村、硝井村、昆汤村一路走过来，从独水井头，过困鹿山大茶树林，再过阳龙大地丫口，到了磨黑地界。

2021年春天，一群野生大象约8~9头，同样顺着东西两条茶马古道夹持的这个山脊，从宁洱镇管辖的民主村、民安村、硝井村、昆汤村一路走过来，经过了宽宏村的独水井头，过困鹿山大茶树林，然后到阳龙大地丫口。这年不同的是，因防火通道施工不能顺着以往的道路行走至磨黑，而改为顺防火通道过大懒火地脚，经乱石头到黄开福梁子，再到佧依果树凹子头，从岩风箐梁子下至防火通道（下线），折转佧依树凹子，到聚风丫口，顺梁子下至困鹿山新村，从生产路进大田凹子，到芹菜塘，下至白路坡，经吊水河，过白竹林、柳树塘，下厂丫口，进入西萨村曼端夹象沟等地，最后进入景谷地界。

近年来到宁洱的野象（陈阳 摄）

2021 年，一头串到困鹿山的野生大象，沿着山脊，傍晚闯入困鹿山旁的帮耐山茶园，弄坏了茶场的水管等设施，还拔起了 7 棵大茶树。

2022 年 1 月，一头大象仍然来到了困鹿山和宽宏村，再沿南山脊线到宁洱镇的民主村和民安村。

说起来，野生大象和普洱茶都离不开良好的生态环境，现今中国还有野象生存的地方，只有云南的普洱市、临沧市和西双版纳州，而这三个地方都是普洱茶最主要的产区。还有一个通俗的说法是，普洱茶产于澜沧江中下游，澜沧江在傣语里就是"百万大象之江"的意思，也道出了普洱茶和野生大象的关系。

困鹿山不仅仅始终保持着良好的生态环境，也是所有普洱茶古茶园中距离现代交通二级路、高速路和高铁最近的一个古茶园。

2021 年来到困鹿山古茶园的野生大象（刀维泽 提供）

➷ 延伸阅读：经过困鹿山的野生大象淘气又聪明

1996 年 7 月，一头独象来到困鹿山山脊线南面的民主村，还在那里伤了一个人，最后在正兴乡使用麻醉枪麻醉后，用大车送到大象学校的一整个过程，因作者当年在思茅地区林业局（现为普洱市林业和草原局）工作，刚好陪同中央电视台西部大开发的一个摄制组，专门进行了采访，了解了许多细节，应《云南林业》编辑部的邀请，还写了篇 1 万多字的纪实报告《思茅生活着一群淘气的亚洲象》，详细记录了野象的各种表现，大象毕竟是野生动物，它有野性的一面，也有聪明可爱的一面，我从纪实报告里摘录了其中的一段，与飨读者。

"1996 年 7 月 23 日，独牙公象又在思茅地区普洱哈尼族彝族自治县凤阳乡撞死一女青年。当独牙公象窜到普洱县松山县级自然保护区边沿白沙坡时，许多人都来投食观看。年仅 21 岁的女青年刘某也买了一包饼干来喂大象。松山保护区的工作人员进行劝阻，刘某坚持要亲自喂。当她拿着饼干靠近大象准备喂时，野象不知是误解还是准备用鼻子接食，总之象鼻子向前摆了一下，刘某一惊，作出的反应是本能地退后，刘某后退时滑倒在坡上，顺坡往下梭，大象见状，似乎是想止住下滑的刘某，便用头把握不住分寸地顶了一下。刘某被撞时喊了一声。保护区的工作人员赶忙将她抬到路上，此时还能说话，她说'胸部痛'，但没有一点外伤，口鼻未见出血，送往医院途中死亡。这头独牙大象后来串到了景谷县。听当年参与普洱三捕野象的林业公安干警介绍说，第一次猎捕时，按照分工，首先由西双版纳华森大象驯演有限公司聘请的泰籍驯象师初讫龙及翻译岩四、引象员等四人用香蕉、糯米饭、青包谷等食物引诱其进入猎捕点，再实施麻醉猎捕。说来也怪，以往用食物投喂此象，要它到什么位置它就跟到什么位置，可今天大象似乎猜测到有什么危险，无论怎样引诱它就是只吃不动。大象敏锐的听觉和嗅觉，能感知空气中危险的、对它不利的东西。在那次采访活动中，普洱松山自然保护区的同志还谈起这样一件事：一天，民主村的一个放牛老农走到野象撞死刘某的那个山丫口，刚好遇上野象，老农就对大象说：'不要光在我们这边吃，到磨黑那边吃一些。'大象走过来想用鼻子把老农卷起，老农忙不迭地说：'大象，我是为了你好，那边的包谷更多更好。'大象听了，把老农放下，扬长而去。"

淘气聪明的大象（陈阳　摄）

困鹿山风光（陈发坤 摄）

第二章

困鹿山的历史定位

第一节　困鹿山是清代皇家古茶园

清雍正七年（1729年），在今宁洱县设立普洱府后，云贵总督鄂尔泰在普洱府所在地建立了贡茶厂，利用普洱山及普洱山周围的茶山、茶园生产的茶叶，制作生产金瓜贡茶，已有数百年乃至千年历史的困鹿山古茶园从此成为清代皇家古茶园。

普洱府因普洱茶而设立。设立普洱府最主要的目的是便于管控、组织、生产、制作和上贡普洱茶，其次，在当时中央政府缺少税收来源的情况下，设立普洱府可以从普洱茶上收到更多的税收，另外，在划归普洱府管辖的范围内，还有磨黑井、按板井、香盐井、石膏井等盐井灶家，可以收取大量盐税。当然设立普洱府还是保障华夏版图完整和南方边境安全的重要措施。

困鹿山是距离古普洱府所在地宁洱县城最近的一个古茶园，也是至今保存得很好、树形十分高大的古茶园。当年，普洱府建立贡茶厂生产制作金瓜贡茶，不可能舍近求远地去采购，毕竟那时的生产力和运输能力都有限，首选一定是利用最近的古茶园生产，生产不足时再从其他茶山采购茶叶。事实是普洱茶定为贡茶以后，上贡的普洱茶需求量十分巨大，有行省土贡上贡的，有官员例贡的，也有非土贡上贡的，古六大茶山自然成为贡茶原料的重要来源。

在云南这个远离中原文化之地，许许多多的历史没有被用文字记录下来，关于困鹿山也没有更多的文字记载。在这个以少数民族为主聚居的地方，许多时候依靠结绳

困鹿山皇家古茶园

记事和口口相传。来到宽宏困鹿山，过去老人们在的时候，会给你讲述当年困鹿山作为清朝皇家古茶园的辉煌，每到春茶采摘季节，官府如何派兵监守，以及如何制作金瓜贡茶的。不过那时制作金瓜贡茶都会在外面用米汤包裹一下。这个方法在无量山的镇沅、景东等地都保留着，老人们讲给后辈儿孙，一代一代地传下来。宽宏的李兴昌就听过她的母亲讲述过这些关于困鹿山皇家贡茶园以及金瓜贡茶的陈年往事。

关于困鹿山皇家古茶园，我们没有找到直接的文字记载，我们能找到的文字依据是清道光年间和清光绪年间的《普洱府志》里关于西萨汛的记载。清道光年间的《普洱府志》记载："西萨汛……有普洱镇标中营分防外委一员，设汛兵八十名，除分二塘兵十名外，共存汛兵七十名。"清光绪年间的《普洱府志》记载："西萨汛……现复兵四十名，除顶端圈岗（谦刚）拨兵十名外，存兵三十名驻汛。"我们未查到更早期的资料，但从清道光和清光绪两个年代的《普洱府志》可以看出，困鹿山皇家古茶园的山脚西萨一直是重兵驻守的地方。而清代的"汛、塘、关、哨"军事戍守制度，一般来

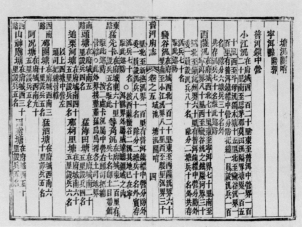

道光年间《普洱府志》关于西萨汛的记载

光绪年间《普洱府志》关于西萨汛的记载

困鹿山人头茶树

说，只在道、府、县所在地重要的地方设"汛"，西萨并非州府要塞，在这里设"汛"，可以联想到的就是困鹿山皇家古茶园，这与民间流传的每到春茶采摘季节官府都要派兵监守有着必然的联系。

2006年2月，在困鹿山拍摄古茶园和进行田野调查时，我们发现和拍摄到了一株困鹿山人头茶树，这株造型奇特的茶树，树根就像一个个人头金瓜贡茶。我拍摄了许许多多的古茶山古茶树，但从未见过这样的茶树，更鲜见这样奇特的造型。不由让我展开联想，不知当年制作人头贡茶的茶是否有采自这棵奇特茶树的？从这棵造型奇特的茶树，我想到了普洱茶的太上皇——金瓜贡茶。这次到困鹿山进行拍摄和田野调查，回去后写作了《普洱贡茶与困卢山皇家古茶园》一文（当年用的是"卢"字），发表在《思茅日报》后编入《探秘普洱茶乡》（云南民族出版社2006年12月）。在文章里我写了这样一段文字："关于困卢山古茶园历史上一直是秘而不宣的，只因为当初生产的贡茶很少，满足不了皇宫贵族的需要，更进不了平常百姓家，每到春茶采摘时，都是官府派兵镇守监制，极其保密，外界不得而知，自然不见诸于史籍。真正的普洱人历来推崇困卢山茶，把它作为最好的礼品送给客人。近年来，随着普洱茶热的升温，越来越多的有识之士摆脱历史认识的偏颇，不再人云亦云，而是沿着茶马古道一步一步去亲临、去体验、去认识普洱。2005年1月17日，《云南日报》11版登载了朱丹、龙建民、郭笑笙、季征合写的一篇文章《寻找失落的古茶园——五房·茶马古道考察记（十一）》，详细地记载了寻找失落在深山密林里的困卢山古茶园的情况。2006 年 1 月 18 日，云南日报报业集团主办的《大观周刊》（2006 年第三期）第 4 页文章称'困卢：遗落深山的皇家茶园'。近年来，越来越多的专家学者来困卢山考察，有的香港、台湾人来困卢山一住几天，认真访问拍摄，各种媒体的记者也作了不少采访报道。"

《云南日报》2005 年 1 月 17 日登载了"寻找失落的古茶园"

　　之所以这样写，主要基于这样一个想法，困鹿山为什么不被外界认识，只可能是两个原因：一个是"灯下黑"，因为离普洱府太近，正如一个人看不清身边的事物一样，而出现了"灯下黑"的情况；另一个原因就是"秘而不宣"，出于某种不便广而告之的情况，而采取的绝对保密状态。分析这两种情况，在交通信息落后的局限下，认识茶山只可能凭脚步去认识，那么远的茶山都可以被认识，例如古六大茶山，反而近处的困鹿山不被认识是不可能的，所以"灯下黑"的情况应该排除，那就只剩下"秘而不宣"了。

　　普洱府历史上曾经生产贡茶，这是肯定的，许多历史文献和资料都证实了这一点。普洱贡茶是清代普洱府向皇室进贡的贡品，是官方组织的政府行为。清宫专立有普洱茶《贡茶案册》，并作为档案留存。普洱贡茶是在普洱府所在地——宁洱县的贡茶厂通过"五选八弃"（"五选"：选日子，选择谷雨前的吉日；选时辰，选在晴天、日出之前采摘的茶最佳，与《茶经》上"日出神散"之说如出一辙；选茶山，选择种植最好的茶地，客观上鼓励茶农种好茶；还要选茶叶、选茶枝。"八弃"是对采茶女操作上的具体要求，即弃无芽、弃叶大、弃叶小、弃芽瘦、弃芽曲、弃淡、弃虫食、弃色紫等严格的程序），之后送官府衙，由知县、知府等官员"恭选""用印"，千总把关，举行隆重仪式，上架马背，起运贡茶，送省入京，皇

国务院公布文化部颁发的证书

帝饮夸，乾隆吟诗载史，这是普洱文化的一整套礼仪。普洱贡茶除清朝皇室成员享用外，还作为珍品赐予有功之文武大臣，作为礼品馈赠外国帝王和使臣。（摘自《宁洱词汇》）

2008年6月7日，《国务院关于公布第二批国家级非物质文化遗产名录和第一批国家级非物质文化遗产扩展项目名录的通知》（国发〔2008〕9号）中，正式将云南省宁洱县申报的"普洱茶（贡茶）制作技艺"批准并公布为第二批国家级非物质文化遗产。承载普洱茶制作（贡茶）这一非物质文化遗产殊荣的，就是宁洱县宽宏村困鹿山。

2022年11月29日，我国申报的"中国传统制茶技艺及其相关习俗"列入联合国教科文组织人类非物质文化遗产代表作名录。本次申遗所涉及的44个项目中，云南省宁洱县的"普洱茶（贡茶）制作技艺"位列其中。这表明"普洱茶（贡茶）制作技艺"，已从国家"非遗"成为世界"非遗"。

《普洱日报》发布了"中国传统制茶技艺及其相关习俗"申遗成功的新闻

↘ 延伸阅读：普洱贡茶生产地随着朝代的变化而变化以及贡茶方式的多元

"贡茶"顾名思义，是指历朝历代用来进贡给朝廷的贡品，是专供皇室及王公大臣们享用的朝廷用茶。从周武王到清朝末期，贡茶在中国持续了3000多年。贡茶制既是封建礼制的需要，又是君主对地方有效统治的一种象征。贡茶制度作为一种对劳动人民的变相剥削，一方面对茶叶生产不利，一方面又因为历代皇朝对贡品质量的严格要求迫使制茶技术不断改进创新，同时刺激了茶叶的发展。

历史上曾被历代皇室列入贡茶的名茶主要产于安徽、浙江、福建、台湾、江苏、江西、湖南、云南、四川、贵州、陕西及河南等省份，包括浙江产的西湖龙井、淳安鸠坑茶、顾渚紫笋、天目山清顶、雁荡毛峰、金华举岩、日铸雪芽；安徽的六安瓜片、敬亭绿雪、涌溪火青、霍山黄芽、岳西翠兰；福建的白茶、天山清水绿、武夷大红袍、安溪虎岳铁观音、武夷肉桂；湖南的君山毛尖、毗庐洞云雾茶、官庄毛尖、南岳云雾、大庸毛尖、古丈毛尖，还有贵州四川的贵定云雾茶、都匀毛尖、湄江翠片、蒙顶黄芽、巴岳绿茶等几十种。

普洱茶在中国所有茶品种中是最后一个纳入贡茶系列的，虽然是最后一个入贡的，但在清朝却是最受器重的一款贡茶。

由于普洱茶独特的茶性，其消食、解腻、养生等健康与保健功效，备受一统华夏肉食乳饮的满族的赏识和器重，也才有了清朝时阮福"普洱茶名遍天下，味最酽，京师尤重之"的评价，更得宠于皇室，引得最长寿和最喜欢写诗的乾隆吟颂了《烹雪用前韵》一诗，高度赞扬了普洱茶，得出了"唯有普洱号刚坚"的结论。普洱茶虽然在贡茶系列中晚出，可以说是"小字辈"或者是"幺儿"，但它受宠有加风头无量。

普洱贡茶开始的时间。

清康熙五十五年（1716年），为恭祝康熙皇帝八十大寿，镇守云南开化的地方副管总兵官事闫光炜"恭进普洱茶四十圆，孔雀翅四十副……"。据1939年罗养儒所著《纪我所知集》记载："云南贡茶入帝廷，是自康熙朝始，

作者在易武考察"瑞贡天朝"牌匾（2007 年拍摄）

金瓜贡茶也称龙团

九龙盒与金瓜贡茶

保存在故宫里的金瓜贡茶（万寿龙团）

云南督抚派员支库款，采买普洱茶5担运送到京，供内廷作饮，至此遂成定例，按年进贡一次。"

可以这样理解，康熙帝时的贡茶，是地方官主动朝贡的，不是皇上定下的规矩。因为，过去无论是附属国还是地方官土司头人，都有朝贡的历史。

尝到地方官上贡的普洱茶好处的皇朝，为了更好地控制和管理普洱贡茶，于是在普洱设府。

普洱府因普洱茶而设。清雍正七年（1729年）设立普洱府。置普洱府后，在普洱府所在地设立茶局，对普洱府辖区茶叶实行更为有力的规范管制。云贵总督鄂尔泰在普洱府建立贡茶厂，采用普洱山及周围包括困鹿山生产的普洱茶开始生产贡茶上贡朝廷，若普洱山及最近的古茶园生产的茶叶不够，就往更远的地方采购。

自清雍正七年（1729年）设立普洱府以后，普洱茶正式列为贡茶。终清一代，除因战乱的个别年份，普洱茶年年都有进贡。普洱贡茶的历史一直持续到清光绪末年（1908年），由于清廷已处于风雨飘摇之中，加之同年在昆明附近发生了进贡马帮被抢劫的事件，普洱贡茶时代从此结束，前后持续了将近179年。

普洱贡茶的品种。普洱贡茶的种类一直是引人关注的话题，规制内的普洱贡茶共八种名色，紧团茶五种：5斤重的大普茶，3斤重的中普茶，1斤重的小普茶，4两重的女儿茶，1两5钱重的蕊珠茶；散茶两种：芽茶与蕊茶；茶膏一种。据《普洱府志》

记载，清乾隆九年 (1744 年)，普洱茶被宫廷正式列入《贡茶案册》，上贡的茶叶包括团茶、芽茶、茶膏和茶饼等。清乾隆年间，医学家赵学敏在《本草纲目拾遗》里说："普洱茶，大者一团五斤，如人头式，名人头茶，每年入贡，民间不易得也。"

　　普洱贡茶生产地的变化。普洱茶在清朝达到了鼎盛时期，但如此出名的普洱贡茶除了北京故宫有关于上贡的记录外，在地处偏域的云南，在以结绳记事为主的少数民族地区普洱县都没有留下更详实的、可供查阅的文字资料，我们只能从有限的文字记载中，来看一看清朝时期，普洱贡茶采购生产地的变化，以及贡茶方式的多元。

　　普洱贡茶产地的变化与普洱茶交易中心的变化大体一致。

　　我们最早知道的文字记载是鄂尔泰在普洱府所在地建立贡茶厂。清雍正七年 (1729 年) 改土归流后，吏部商议设立普洱府。设立普洱府的目的现在来看是很明确的，主要目的就是为了更好地管控、生产、制作普洱茶，所以普洱府一建立，马上就将普洱茶列为贡茶。当然，设置普洱府的目的还为了征收茶税和盐税，同时也为了加强南疆的防卫。置普洱府后，云贵总督鄂尔泰立即奏请批准在普洱府设立茶局，在普洱府址所在地建立贡茶厂，制成金瓜贡茶进贡皇室。在当时的情况下，普洱府所在地宁洱县如果没有好的普洱茶资源，那就失去了基础。普洱茶列为贡茶后，名声大振。由于贡茶需要量太大，制作贡茶的原料不够，于是后来在思茅设立总茶店，从六大茶山采购补充。

　　清雍正十三年 (1735 年)，兵部议准设立宁洱县，隶属普洱府。建制划分为五里五勐。同时，朝廷钦定普洱府收茶三千引（折合 3510 担），年收茶课银 960 两。足见朝廷对茶之重视，普洱茶名震京师。

　　普洱府时代，解送普洱贡茶必须持有通关令牌。关于通关令牌，郑显静在《令牌——古代解送普洱贡茶的历史物证》一文中是这样介绍的：铜制令牌全长 20 厘米，令牌柄首是瞪着一双大眼睛的虎头，令牌中间一条蛟龙摇弋，中上部是回旋图案，顶部是箭镞式造型。

　　鄂尔泰在宁洱建立贡茶厂上贡朝廷一事有文字记载，可惜的是，有关宁洱县贡茶厂，却没有更详细的文字资料。例如贡茶厂是怎么建立的、建立在什么地方、怎么采购茶叶、怎么加工和生产贡茶的等许多细节没有文字记载。

　　在茶源广场建立的"百年贡茶回归普洱纪念碑"里有一段文字："普洱贡茶万寿龙团，于光绪年间普洱茶局监制，采普洱山贡茶区之灵芽，董理贡茶坊严格工序精制，重二千五百克，团如龙珠，圆如满月，为茶中至尊，皇室至爱。"

　　雍正年间，宁洱早已产茶，之前的历朝历代尤其是元朝就有了文字记载。所以普洱府建立以后在普洱设立茶局，在宁洱建立贡茶厂，就近采购当地的茶叶用以生产、加工贡茶，所采购的贡茶茶叶最主要的还是普洱山及其周围最近的古茶园，包括困鹿山皇家古茶园,应该说不可能舍近取远。只可惜这些都没有文字记载,只有民间口口相传的史料,例如困鹿山皇家古茶园,秘而不宣,官府派兵监制,景东、镇沅以及宁洱等地,民间一直流传着金瓜团茶的传统做法,过去还会在团茶外面包裹一层米浆。

其次,我们查到的资料是朝廷批银在思茅采购贡茶。后来出现了贡茶产地是在倚邦王子山还是易武之争。清光绪二十九年(1904年)二月,思茅厅下发给倚邦土司以催缴贡茶的《札文》,摘录部分以飨读者:"世袭倚邦贡茶钱粮事务军功司厅为札,饬遵办……封宾采办,先尽贡典,生、熟茶芽办有成数,方准茶客下山,历办在案……惟今本府票差前往各寨坐催外,合行札知。为此,仰本山头目及管茶人等遵照……贡品芽茶及头水细嫩官茶速急收,就运倚邦交仓,以凭转解思辕。事关贡典,责任非轻,该目等务须札催、申解,勿得延埃迟误。……仰本山头目及管茶人等维此。"有人引用这篇文章目的是要证明100多年的贡茶产地都是在倚邦,而不是在易武。他得出的结论是:"可见,这些都证明贡茶主办地自始至终都在倚邦,都由曹氏土司主办,以及皇家御茶为曼松茶。易武博物馆内'倚邦主办贡茶30年'及'易武主办贡茶130年'的介绍纯属毫无根据的编造与虚构。"易武和倚邦地理位置离得那么近,年代也比普洱茶最早列入贡茶的时间还晚百年,关于贡茶产地还无从考证,争得那么厉害。之所以出现这些情况,关键还是在于没有更详细的文字记载。

易武作为普洱贡茶生产采购中心,主要依据是道光皇帝赐封的"瑞贡天朝"牌匾。关于"瑞贡天朝"牌匾的来历,网络上是这样介绍的:"1837年,车顺来进京参加科举考试并向朝廷敬献车顺号茶庄自制的普洱茶。道光皇帝饮后赞称'汤清纯、味厚酽、回甘久、沁心脾、乃茗中之瑞品也',道光皇帝赐封车顺来为'例贡进士',并钦书'瑞贡天朝'四字赐誉车顺来,由云南布政使司布政使捷勇巴图鲁制成"瑞贡天朝"金色大字牌匾悬挂于车顺号茶庄,该匾成为普洱茶辉煌历史和最高荣誉的见证。"这个牌匾是道光皇帝赐的,离普洱府成立的雍正年间,中间隔了乾隆、嘉庆两个朝代,也将近百来年的时间。而百年之前,普洱茶早就列入贡茶系列。

在普洱贡茶持续179年的时间里,从宁洱到思茅,再到倚邦和易武,这是一个动态的过程,变来变去,这中间发生了多少故事,经历了多少演变,皇室更迭倾轧,世事沧桑变化,战争风云跌宕,普洱茶贡茶生产地和采购中心处于变化之中,也只能讲个大概了,苦就苦在没有更多的文字记载。

贡茶上贡的多元。贡茶的采购和上贡,除了政府这个渠道外,还有各级政府官员采购上贡。从万秀锋著的《清代普洱贡茶研究》这本书里,我们可以了解一些历史。以清乾隆十九年至乾隆四十七年(1754—1782年)30位官员进贡普洱茶的情况为案例,考察的结果令人吃惊,不独是云贵总督、云南巡抚任上担负有普洱贡茶事宜,即便是其调任他处后,依然在主动进贡普洱茶。就连相邻的贵州巡抚,以及湖北、湖南巡抚,都在进贡普洱茶。除却规定数额、频次的土贡，更多的是非土贡，也就是官员自发进贡普洱茶。各级官员层层加码盘剥，茶农负担十分沉重。普洱贡茶在乾隆年间达到了全盛的时期。自清雍正七年（1729 年）普洱贡茶伊始，终清一代，除因战乱的个别年份，普洱茶年年都有进贡。一直延续到清光绪末年（1908 年），由于清政府已处于风雨飘摇之中，加之同年在昆明附近发生了进贡马帮被抢劫的事件，持续 179 年的普洱贡茶时代从此终结。

第二节　困鹿山在近代是被红色文化熏陶的古茶园

困鹿山古茶园经历了几朝几代的风风雨雨后，至清朝雍正年间被列为皇家古茶园，秘而不宣。进入近代，在新思想的冲击下，走过了实业的道路，受到了红色文化的熏陶。

困鹿山在近代是被红色文化熏陶的古茶园，这不是空穴来风，而是有一桩桩真

宽宏村（陈发坤　摄）

实的事件所证明了的。这事还得从困鹿山的老主人过世说起。困鹿山的主人李铭仁因积劳成疾，哮喘病严重，医治无效，于1929年1月4日逝世，享年仅54岁。李铭仁死后，困鹿山古茶园和宽宏学校就由名义上是赶回奔丧，实际上是回乡搞"土地革命"，参加过北伐和南昌起义的其子李育清管理。李育清（1901—1946年），字夷风，李铭仁次子，人称二少爷，普洱道立普洱中学毕业，青年时期外出学习，曾就读黄埔军校，和他同期去到昆明讲武堂学习的还有李永和、李兴普、张可兴、鲁兴祥、陈麟祥等。李育清毕业后，任国民革命军第三军（滇军）连长，参加了北伐战争，于1926年加入国民党，隶属中国国民党革命军第三军特别党部。北伐途中，"蒋、汪"先后叛变革命，李育清就参加了湖南"郴州暴动"，后到江西苏维埃红军大学学习，1927年任工农革命军第六纵队队长，加入了中国共产党，参加了八一南昌起义。从许多历史资料可以看出，李育清名义上是1929年回到家乡宽宏村料理父亲丧事继承家业，实际上是受党组织安排回家进行革命活动，是普洱市"土地革命"时期入党的18位共产党员之一，排序在第九位。李育清回乡时，陪同他一路同来的还有一位蒙自老杨，一直在到李育清被害后才离开。普洱党史资料对此事有详细记载。

鸦片战争以后，积贫积弱的中国由于工业不发达受尽了洋人的欺负，许多先知先

觉的知识分子认识到了这一点，开启了实业救国的道路。李育清回乡后，继承父业，一方面努力管理好困鹿山和宽宏小学右侧下边的名叫小汤箐后面的一片古茶园外，还兴实业，办铁厂铸造铁锅铁器；另一方面，热心教育事业，传播新思想，专心办好其父创办的宽宏两级小学，他一度被选为宽宏小学校长，不但自己出钱办学，还团结地方绅士，发动捐款，广招贤才来校任教。另外，他还带头捐款，修通了宽宏到西萨3千米多的石板路，在小汤箐修了石拱桥，倡导种树种果美化家乡。

李育清以宽宏小学为据点，成立临时党小组，聘请进步教师任教，秘密开展革命活动。在李育清领导下，开办《爱群壁报》，转载《新华日报》消息和介绍国内外形势，揭露、评论社会不合理的现象。以办学为掩护，采购进步书籍，在群众中积极传播革命思想，开展反"三征"斗争，暗中购买枪支，积极做好开展武装斗争的准备工作。

李育清利用读书活动，让学生阅读进步书报，积极传播进步思想，发展党的外围青年组织"民青"成员。他和好友杨世杰秘密串连贫苦农民，进行反封建压迫的民主革命思想教育。他常和长工李从良秘密交谈，李从良进步很快，他给李从良看一本《民主与独立》的进步书籍，还把一包秘密书籍交给李从良藏在墙头上。土地改革时，在清理李育清的家时，在他家墙头上找出了这包革命书籍，连同李育清的红色党证，这才证实了李育清的真实身份。

李育清利用他在社会活动中树立起来的声望和取得的合法职位作掩护，积极稳妥地进行革命活动。1931年初，普洱共产党地下组织准备武装起义，曾派党员王尚德送急信给李育清，要他积极组织人员和武器，准备参加起义。王尚德还没有离开李家，县委书记杨正元又装作"丢失了牛来寻找的勐先人"赶来与李育清秘密商谈有关起义事宜，李育清承诺准备十几支枪及一批弹药，应允支援。后因事泄，杨正元牺牲，起义流产。（详见《中共普洱哈尼族彝族自治县历史资料选编》第一辑第48页、118页，《思普革命斗争纪略》第31页）

抗日战争爆发后，李育清组织成立了"抗日救国联合会"，动员开明进步人士参加。他组织了40多名青壮年进行军事训练，以"保家护院"为名采购武器，为武装革命作准备。

1946年秋，磨黑中学师生旅行团一行300多人，在校长陈盛年、教务主任袁用之、训导主任曾庆铨、教师蒋仲明和昌恩泽等的带领下，来宽宏学校旅行，实际是作社会调查，广泛联系群众，宣传革命道理，传播革命火种。当时，磨黑中学已有中共党支部，还在师生中发展了党员，建立了"民青"组织。宽宏小学为欢迎和接待磨黑中学师生旅行团，全校停课一周，并将学校环境整顿一新，满地铺上青松针，像办喜事一样。师生有的搞生活服务，有的当向导，陪同他们到农村访问，开展球赛和文艺演出。磨黑中学旅行团带来了革命歌曲、秧歌剧、话剧等许多文艺节目，每天晚上演出的节

困鹿山落日（陈发坤 摄）

目有《兄妹开荒》《山那边哟好地方》《民主是哪样》等。此时的宽宏已经成为传播新思想新文化的地方。

这次磨黑中学师生旅行团 300 多人，翻过困鹿山古茶园来宽宏宣传革命活动期间，李育清与地下党员曾庆铨、蒋仲明密谈了两次。旅行团返回磨黑后不久，1946 年 10 月，李育清带着自己家生产的铁锅去磨黑卖，住在老街时被地霸张孟希杀害于张某某家，也有说是被哥老会的人杀害的。

1948 年 10 月 12 日凌晨，张孟希在磨黑杀害了思普特支书记曾庆铨和委员蒋仲明。思普特支及时对思普地区的情况作了分析，决定将磨黑中学的党员和"民青"除留一部分未暴露的同志坚持工作外，其余同志分批转移到元江、景谷、江城、镇越、墨江等地。11 月 4 日当天晚上，磨黑中学的地下党员老师周长庆、荀彬、邹建民、纪庆明等 4 人，由周赤民带 1 支枪 150 发子弹作向导，护送离开磨黑。刚离开磨黑，张孟希就派李国芳带武装来追，他们只得改变路线，天亮前赶到了宽宏后山，联系了宽宏小学的地下党员刘民扬，然后在困鹿山古茶园旁边一个叫豹子洞的岩洞里隐蔽了一个星期，之后绕道德安、界牌等地，安全到达了元江县小柏木自卫军二纵队处。

解放战争时期，宽宏已经成为了党的重要联络站和临时指挥部。围绕着宽宏发生了许许多多曲折而又可歌可泣的革命故事。

1949 年 3 月 11 日，国民党军保安第三团从普洱撤逃途中，李育清次子李崇德，曾为共产党领导的磨黑农民武装带路，在困鹿山脚下的西萨村曼端坡夹象沟袭击敌军，打死敌军 1 人，缴获电台 1 部。同年 9 月 24 日，李崇德又"借"给边纵部队主力一团步枪、手枪 9 支和子弹 509 发。该团二营副营长李彬、副政委李树勋写给李家的借条被家人妥善保存下来，1990 年 5 月 21 日，由李育清的小女儿李崇仙把借条交给普洱县委党史办公室保存。

借枪收据（图片由李家后人李彦丞提供）

1950 年初，在人民解放军追击下，国民党中央军第八军和二十六军部分残部向滇南思普区溃逃，思普地委和"边纵"九支队党委组织发动广大军民"阻匪迎军"（阻击国民党残部，迎接解放大军）。根据上级指示，正兴区人民政府担负着景谷至普洱的交通联络工作，冷启鹤兼任交通站长，设有 3 名专职交通员，每天送情报。区、村干部全力投入"阻匪迎军"，一方面发动群众募捐，组织柴米油盐的供应，迎接解放大军；另一方面，组织民兵联防，加强四山关口警戒，空室清野，准备阻击国民党残部溃逃。宽宏当时隶属振兴区，由于地理位置特殊，地委和边纵九支队司令部机关的一部分同志转移到宽宏隐蔽，曾任中国人民解放军滇桂黔边纵队第九支队政治部主任、普洱专区地委委员唐登岷的妻子陆英（时任普洱县副县长），因身怀有孕考虑到安全问题也转移到宽宏，并专门安排 2 个女学生照护陆英同志。在押的反革命要犯张孟希、张达希弟兄也暂时押解至宽宏临时监禁等待公审，后押回普洱，于 1950 年 10 月 18 日被公审枪决。振兴区的同志把普洱转移来的病弱同志和一些机密材料分别隐藏到山林里或可靠的农民家里。宽宏小学低年级学生也组织起来，日夜轮流站岗放哨、盘查行人。几天后，确知溃逃的国民党军在镇沅圈田街、南京街被歼灭后，这些同志才返回普洱。

宽宏不仅在解放战争中有突出的表现，在抗日战争中，也出过民族英雄。宽宏村有 2 个青年张可兴和张守荣由于受进步思想影响，参加滇军出滇抗日，曾参加了台儿庄血战、长沙保卫战等，抗战胜利后滇军 60 军调防东北，解放战争起义后，又到朝鲜参加了抗美援朝，经历了这么多血战仍全身而退。

解放战争时期宽宏有 7 位革命烈士。

历史证明，困鹿山古茶园以及宽宏村是一个被红色文化熏陶过的地方。

皇家古茶园核心区 （陈发坤 摄）

第三章

困鹿山概况

第一节　困鹿山的自然地理环境与困鹿山古茶园概况

一、困鹿山的自然地理环境

困鹿山隶属于云南省普洱市宁洱县宁洱镇宽宏村，宽宏村民委员会下辖有 10 个村民小组（自然村）：一组邦耐山组、二组外寨组、三组外下寨组、四组外上寨组、五组中下寨组、六组中上寨组、七组迤上寨组、八组迤下寨组、九组大松树组、十组困鹿山组。困鹿山是其中之一。宽宏村东面与宁洱县磨黑镇的团结村毗邻，南面与宁洱镇的昆汤村接壤，西面和西萨村相连，北面与景谷县铁厂河村为界。

困鹿山处于云南高山峡谷盆地地貌中。

这种地貌的形成与云南中部的哀牢山密不可分。我们先来认识一下哀牢山。哀牢

山源于云南境内西北部的云岭山系，从保山、楚雄、大理延伸而来，进入普洱市、玉溪市境内，长近千千米，海拔 2000 米以上，海拔 3000 米以上山峰有 9 座，主峰大雪锅山海拔 3166 米，位于普洱市镇沅县与玉溪市新平县之间。哀牢山成为云南高原西南部，横断山区南段以东，一条西北—东南向的山脉，东南延伸至国内绿春，与越南境内的长山山脉相接，成为滇越境内的名山。它将云南分为两半，也分为两块不同的地理区域和气候区系。哀牢山是元江与阿墨江的分水岭，也是把云南分成两个地貌的天然分界线，东部为云南高原湖盆地地貌，西部为高山峡谷盆地地貌。

困鹿山良好的森林植被

困鹿山的生物多样性（许时斌 摄）

这种高山峡谷盆地地貌的特点就是山高谷深，大山与大山之间穿流着一条条奔涌的江河，在高山与江河之间会形成一小块一小块的盆地，云南人称为坝子，大地就被大江大河分割成一块块的自然空间。高山峡谷盆地地貌有"一山分四季、十里不同天"的特点，这里气候温暖湿润，物种丰富，森林多样，植被良好。

困鹿山处于无量山的中部。无量山从北向南延伸，北段经由大理州南涧县，进入普洱市景东县、镇沅县，中段到了普洱市景谷县后分为两支山脉，一支沿威远江而下，延伸至澜沧江；另一支延伸到宁洱、思茅，南段余脉延伸至普洱市的江城和西双版纳州勐腊县的易武镇和象明乡。无量山脉由主体山脉和两支山体支脉组成，两支山体支脉向东西两翼扩展呈扇形。

无量山在云南地貌区划中属横断山脉南端中山峡谷亚区，与哀牢山同处于横断山系、云南高原两大地理区域的接合部，气候区划处于中亚热带与南亚热带的过渡地带，自然环境条件复杂多样。该地区动植物种类十分多样，约有高等植物 1500 种以上，有岩羊、獐、孔雀、白鹇等动物，最主要的还有长臂猿，这个与人类最接近的一个物种。

无量山是横断山脉南部中山峡谷最具有代表性的地区之一。

困鹿山就处于无量山的中部位置。它的自然地理概貌，无疑是无量山的一种代表。

困鹿山的瀑布

困鹿山的溪流和石拱桥

困鹿山还处于傣族文化和佛教文化的深度影响中。清顺治十六年（1659年），吴三桂平云南，普洱酋长那氏归顺。清军撤退后，那氏又反叛，顺治十八年（1661年），吴三桂再次派兵平叛，之后将普洱、思茅、普藤、茶山、勐养、勐煖、勐捧、勐腊、整歇、勐万、上勐乌、下勐乌、整董编录为十三版纳，统归元江府管辖。

困鹿山的西面山脚下就是西萨村，"西萨"其实是傣语，即"十三"，意为"傣族十三个土司头人管辖的地方"，所以也才有了"困鹿山"为傣语，"困"为"洼地或者凹地"，"卢（鹿）"为"雀、鸟"，意为"雀鸟多的地方"。傣族信仰小乘佛教，而小乘佛教和菩提树是分不开的，菩提树就是榕树的一种。所以，在傣族居住的地方都普遍栽种有菩提树和大榕树。

无论在宽宏还是在困鹿山，随时可以看到浓阴匝地树干高大的榕树，从一棵棵大榕树可观赏到盘地的虬枝和飘逸的气生根。一进到宽宏大寨子，一个上坡回环的地方，一棵大榕树映衬着村落和马帮驮茶雕塑，构成一道独特的风景。来到宽宏村所在地，这里原来是百年宽宏小学原址，旁边几棵高大的榕树，生长得十分旺盛。离开宽宏村委会所在地，在上困鹿山的道路两旁，都会和一棵棵大榕树擦肩而过。到了困鹿山，顺着新修的栈道，步行几百米，观赏着一路的森林和茶林风光，呼吸着富含负氧离子的清新空气，

困鹿山古茶园保护碑

走到古茶林边，首先迎接你的是一棵大榕树，正好可以在浓阴下稍事休息。根据宽宏村原支部副书记李伟的介绍，整个宽宏村像这样的大榕树有82棵，棵棵浓阴匝地，高大壮美。

二、困鹿山古茶园概况

困鹿山古茶园位于宁洱镇宽宏村困鹿山自然村，距县城公路里程33千米，东经101°04′，

北纬 23° 15′，海拔 1410~2271 米。困鹿山古茶园内散落着大量野生型、栽培型古茶树，茶树种类齐全，主要有大叶、中叶、小叶及细叶等，是目前宁洱县发现的较大的古茶园，相传为清代皇家茶园。困鹿山古茶园分为核心产区即中心片区，还有东片区、南片区、西片区、北片区。中心产区最具代表性的栽培型古茶树有 353 株，其中，径粗 19 厘米以下的 153 株，20~39 厘米的有 167 株，40~59 厘米的有 18 株，60 厘米以上的有 15 株。树龄 500 多年，核心茶园面积 40 亩（1 亩 ≈ 666.7 平方米，全书特此说明），为早期原住民傣族的先祖"滇越"所种植。典型植株树高 9 米，树幅 5.2~5.9 米，基部干径 0.53 米，最低分枝高 0.42 米，为小乔木。困鹿山大叶茶属乔木型，树姿开张，长势强，树高在 8.0 米左右，最大干围 192 厘米，最低分枝高度 0.4 米，分枝密。嫩枝有毛，芽叶黄绿色，绒毛多，耐寒性、耐旱性均强。困鹿山中叶、小叶茶属小乔木型，树姿半张开，长势强，树高在 8 米左右，最大干围 192 厘米，基部干围 175 厘米，最低分枝高度 0.3 米，分枝稀，嫩枝有毛，芽叶绿白色，绒毛多。目前，困鹿山有人工栽培古茶园 600 多亩，生态茶园 3800 余亩，野生茶树群落 2000 多亩。

　　困鹿山古茶园大叶、中叶、小叶古茶树相混而生，成就了困鹿山茶独特的香型。困鹿山茶水浸出物超过 50%，茶多酚、咖啡碱含量高，可手工制晒青普洱茶和制作优

2006 年拍摄的困鹿山古茶园

2007 年拍摄的困鹿山古茶园

2008 年拍摄的困鹿山古茶园

2009 年拍摄的困鹿山古茶园

2010 年拍摄的困鹿山古茶园

2012 年拍摄的困鹿山古茶园

2014 年拍摄的困鹿山古茶园

2021 年拍摄的困鹿山古茶园

2022 年拍摄的困鹿山古茶园

困鹿山古茶树（陈发坤 摄）

困鹿山茶树王（许时斌 摄）

质红茶。困鹿山晒青普洱茶条索紧结明亮，茶叶表面显毫，山野气韵浓郁，汤色金黄明亮，叶底较匀整，杯底留香明显且持久，茶汤入口滑顺，苦涩不明显带甜感，悠远绵长。[资料引自《普洱古树茶》普洱市政协编著.云南出版集团云南科技出版社2019年12月]

关于困鹿山古茶园的树龄，为了严谨和有依据，本书直接引用了有关书籍的论述，但有的专家学者提出，按照普洱茶从源头向外围传播的规律，以及普洱茶由北向南传播的路径，应该比普洱茶南部茶区千年以上的古茶山树龄还要大。

困鹿山古茶园和其他知名的古茶园相比，也许它没有那么大的名气，也没有那么大连片的面积，可是当你来到这个古茶园，当你深入了解了困鹿山古茶园的历史和现状后，就会被它的经典和浓缩，它的包括大叶茶、中叶茶和小叶茶在内丰富而独特的茶种，它的深厚历史人文所震撼到。即便你到过六大茶山，到过老班章、南糯山，到过邦崴、景迈山，还是到过冰岛、昔归，只要你来到困鹿山，总会找到不同的风景，品到新的滋味。

第二节　困鹿山名称的由来

　　关于困鹿山名称的由来，正规也是最有权威的解释就是《云南省普洱哈尼族彝族自治县地名志》中的解释了。地名志里是这样写的："困卢"为傣语，"困"为"凹地"，"卢"为"雀、鸟"，困卢山意为"雀鸟多的山凹"。这种说法一方面说明了这个地方历史上曾经居住过傣族，名称的来历为傣语，另一方面吻合了困鹿山的地形、良好的生态、动植物多的特点。从"卢"变为"鹿"这仅仅是音译的不同或者是书写习惯的问题，而"困卢"作为傣语的说法，其来历必须追溯到一个历史。清初，吴三桂平定云南，将普洱、思茅等地整编为十三版纳，划归车里宣慰司，统归元江府管辖。困鹿山山脚下的西萨村名，傣语即"十三"，意为十三版纳土司管理的地方，所以，至今在宁洱还有许多地名保留着傣族的称谓。

《云南省普洱哈尼族彝族
自治县地名志》

　　其实，关于困鹿山名称的由来还有三种。

　　第一种最早称为"宽庐"，这种说法是最有人文历史的说法。宽宏人李鹄臣的祖先为了种茶，在现今的困鹿山盖了茅庐，茅庐即草屋，后人简称宽庐，因为发音及各种原因，宽庐慢慢演变改为宽卢、困鹿。宽庐的来源

困鹿山为傣语意为雀鸟多的洼地

与宽宏的大户李姓有关。如今宽宏村公所，即原来宽宏学校的后面有一大墓，墓主是宽宏学校创办人李鹄臣的儿子李铭仁先生。大墓在学校后山大约500米的地方，碑高2.86米，宽2米，三块石碑刻有墓志铭，形成一个可容纳数人避雨的墓门室，这么大的墓在这个地区实属少见。墓门刻有对联："前山清秀开甲地，后地绵延启人文。"映衬着对联的是茶树和马鹿的浮雕。建校时的一幅藏头校训对联："宽厚为怀，学研新理；宏通致用，校定旧文。"体现了一种哲理和办学理念。更有意思的是，宽宏这个村名就取自这副对联上下联的第一个字，组合为"宽宏"，村名就体现着一种历史和文化。也有一种说法是，先有宽宏村名，对联是依据村名作的藏头联，但这些都无从考证了。李铭仁的祖先不是云南人，是从江西派到银生府故地景东做地方官的，后才迁徙到宽

李铭仁大墓上的雕塑·马鹿与茶树

宏接手管理茶园，以种茶为生并兴办义学。宽宏100多年前曾出过3个贡生（2个文贡、1个武贡），李铭仁先生的父亲李鹄臣是清朝武贡，李铭仁和邓青云是清末文贡。李铭仁的长子李育清黄埔军校毕业后，参加了八一南昌起义，其亲属多是一些有影响的人物。

第二种说法是，把马鹿困住的地方，这种说法体现了自然生态。传说一头马鹿沿着无量山的山脊跑啊跑，来到现今的困鹿山，它看到这里群山环绕、森林茂密、水草丰富，就被这里的美景和丰富的食物吸引，不愿走了，后人就把这里称为能把马鹿困住留下的困鹿山。在李铭仁大墓上有一块石雕，有马鹿，有茶树，似乎在印证着这样一个说法。

第三种说法是，从昆明到普洱要经过六座困难重重的大山，这种说法体现了地理环境的险恶和复杂。过去云南简称为"滇"，又称"三迤"，以"三迤"代称云南的来历其实也不复杂，这是清代整个云南曾经只设有三个迤道管理的代称。"三迤"即迤东道（治所在曲靖）、迤西道（治所在大理）和迤南道，迤南道治所就在今天的宁洱县城。由此可见宁洱在云南省，特别是在滇南地区的地位是非同一般的，宁洱不仅是滇南政治和军事的重镇，也是滇南的商业中心，也才有了以普洱命名的普洱茶。但是，从路途和环境来说，与另外两个迤道相比，普洱又是最边远、最蛮荒的，从省府昆明出发到边陲普洱，迢迢千里茶马古道，一般来说要走17个马站，并且要渡过三条大江，爬过六座大山。三条大江一条是元江（又称红河），第二条是阿墨江，第三条就是把边江；六座大山第一座是化念老鹰坡大山，第二座是元江北岸的青龙场大山，第三座是元江南岸的咪哩大山，第四座是阿墨江北岸的老苍坡大山，第五座是阿墨江南岸把边江北岸的通关梁子，第六座就是把边江南岸的困鹿山了，其中，磨黑到普洱经过的这段称为"茶庵鸟道"的茶庵堂大山，是困鹿山所在的无量山山脉南延的一部分。因此，南来北住的赶马人和官商旅客就将困鹿山称为"昆六山"，意思是从昆明南来到普洱的第六座大山，或是困难重重的第六座大山。

名字仅仅只是一个符号或者一种代号而已，只要好记、好用、好听即可，但人们往往在名字里赋予了一定的内涵，寄托了一种愿望或含义。困鹿山名字的由来有多种说法，每一种解释都有一定的含义，多角度了解困鹿山名称的由来，可以让我们从中了解到困鹿山丰富的历史人文和自然地理。

当然，在困鹿山名称的定义和使用中，我们使用了正规和有权威性的解释，且在书写中遵循了约定俗成的原则。

第三节　困鹿山新村

　　困鹿山隶属于宁洱镇宽宏村，过去是一个贫困的山区村民小组，就连公路都是2000年因为砍伐木材才修通了简易的林区道路。然而随着普洱茶及普洱茶文化的兴起，尤其是遗落深山的皇家古茶园逐步揭开了神秘的面纱，困鹿山已经从一个不起眼的小山村变成了一个环境优美、古茶飘香的新农村。

　　困鹿山自2007年后逐步进行规划，2012年年初，开始申报生态移民村，年底即开始实施，将21户茶农从古茶林里全部搬迁，政府统一规划，村委会组织实施，采取抓阄的方式给每家划定一块宅基地，盖起了新房。新村搬迁后，一方面彻底改变了由于生产生活给古茶园带来的影响和破坏，古茶园显得更加清秀、生态和茂密，另一方面全部茶农搬迁到离古茶园不远的新居，家家有别墅小院，道路硬化，灯光照明，花草点缀，形成了一个欣欣向荣的新村，日子过得越来越甜蜜。

　　在组织实施困鹿山生态移民搬迁工程项目的同时，还整合新农村建设、农村基础设施建设、异地扶贫开发等项目14个（其中在建项目3个），整合项目资金1242.2万元，群众自筹134万元。通过以上项目的实施，逐步完善了困鹿山软硬件条件，改善

困鹿山新村（陈发坤 摄）

困鹿山古茶园观光步道

了农村居住环境。在新村建设的同时，比较完整地保护了传统村落形态格局和建筑，努力保留了浓厚久远的皇家古茶园和其他非物质文化，为下一步将困鹿山打造成为宁洱县的旅游胜地，奠定了坚实的硬件基础。

目前，以困鹿山为中心点，在这个点上有困鹿山新村休闲娱乐饮食住宿区、困鹿山旧村 500 余年栽培型皇家贡茶园观赏区、困鹿山皇家贡茶历史文化展览区、野生型古茶树群落与阔叶林混生形成的原始森林步行探秘区，以及沿途原始森林自然景观体验。同时，以困鹿山这个点辐射到宽宏和西萨面，正逐步打造集自然风光、历史文化、民俗文化、饮食文化、茶马文化、休闲养生为一体

的旅游线路，即西萨村坝子自然景观、宽宏村百年小学孔庙祭祀堂、村委会片区百年榕树林群落观赏、宽宏村传统民居淳朴民风生态农家乐体验区、季节性小瀑布观赏、帮耐山自然景观。通过困鹿山这个点和宽宏这个面，与磨黑镇扎罗山古茶园和磨黑中学云南省爱国主义教育基地、著名影星杨丽坤故居连成线，形成一个以古普洱府所在地宁洱县城、民族团结誓词园等景点在内的旅游闭环路线。

困鹿山新村组图

2007 年拍摄的困鹿山人家

第四节　困鹿山人家

　　从 2007 年开始，为了保护困鹿山古茶园的生态环境，当地党委、政府启动了从古茶园内迁出农户的计划。2012 年年初，开始申报生态移民村，年底开始实施，将 21 户茶农从古茶林里全部搬迁，政府统一规划，村委会组织实施，村民们集体搬迁到了离这片古茶园不远的一个山坡上，建了窗明几净的新居，硬化了路面，种上了花草，过上了脱贫致富奔小康的幸福生活。

　　古茶林里的老房子都陆续拆除了，那些熟悉得闭上眼睛就会浮现的木柱、房梁、门窗，斑驳的土墙，褐色的陶瓦，草垛旁的老牛，茶林下嬉戏觅食的小鸡，都不见了，而这再熟悉不过的一切，这些被一遍又一遍，无数次用手

困鹿山人家

困鹿山人家老屋一角

古茶树与老屋子

和目光抚摸过的老屋景，都在记忆里显得无比的亲切和难忘。如今所有的这一切，都被一片象征着生命和希望的绿色代替了，透过这充满生机的绿色，展现给村民们的应该是一幅新的、灿烂的图景。

离开守护了几辈子的古茶林，村民们心里实在不舍，古茶林里留着困鹿山人几辈子的记忆。

为保留原来困鹿山村民小组的传统文化，代代相传，宁洱县国资委投资全面规划设计了"困鹿山人家"，在搬迁时特意留下两间老屋的基础上，改造提升形成了"困鹿山人家日常生产生活陈列馆"，馆藏收集了原来一些困鹿山村民的、目前几乎不用的日常生产生活中的用具，让人们看到这些东西，还能回想到困鹿山人曾经的生产生活方式；建立了"困鹿山人家传统普洱茶制作体验馆"，还原困鹿山人萎凋、炒茶、晒茶、蒸茶和压制等一整套传统制茶用具和场景。同时，还按清代例贡"团茶"5款标准，由21户困鹿山茶农捐出茶样，完整复制一套安放在馆内。

老屋搬走了，"困鹿山人家"留下了永久的记忆。

2021年6月20日，古普洱府城斗茶协会在宁洱县宁洱镇宽宏村困鹿山小组，启动了文旅"困鹿山人家"之门，同时，举办安放清代例贡5个标准"团茶"的仪式，以及"困鹿山人家传统普洱茶制作体验馆"和"困鹿山人家日常生产生活陈列馆"的开馆仪式。

举行开馆仪式之前，古普洱府城斗茶协会会长王天打电话邀请我参加这个活动，可惜那段时间我到新疆去了，准备把新疆的三大山脉和两大盆地走一走，所以没有机会参加，可惜了。好在体验馆里展示着我2006年拍摄的困鹿山的照片，那时的困鹿山是茶树在村中、房屋在古茶林中，现在人家搬走了，让给古茶林了，那张照片应该是一张绝版照片了。

《云南日报》对此专门作了报道："近日，普洱市宁洱县'困鹿山人家'举行'困鹿山人家日常生产生活陈列馆''困鹿山人家传统普洱茶制作体验馆'开馆仪式，向广大游客介绍传统普洱茶制作技艺以及困鹿山居民生活样本展出。"

在困鹿山人家喝茶（2008年拍摄）

困鹿山人家的农具

困鹿山人家的屋檐

困鹿山人家压茶模具

在老屋子晒茶（陈发坤　摄）

困鹿山风光（陈发坤 摄）

第四章
独特的困鹿山茶园

第一节　困鹿山普洱茶基因库与独特的大叶茶和小叶茶

2016 年 4 月 3 日拍摄的困鹿山大叶茶

2016 年 4 月 3 日拍摄的困鹿山大叶、中叶、小叶茶芽

在茶业界，一般来说，将叶面积 14 平方厘米以下的称为小叶茶，14~28 平方厘米内的称为中叶茶，28~50 平方厘米内的称为大叶茶，超过 50 平方厘米以上的称为特大叶茶。对大叶、中叶、小叶面积的认定，不同的专家也会给出少许不同的标准。在有关书籍或者专家解释中，一般把茶树按树干有无主杆分为乔木和灌木，乔木中还分为小乔木、大乔木，按叶片的面积大小分为大叶茶、中叶茶或者小叶茶，小叶茶在有的专家的解释里基本都是灌木类，而不是乔木。在普洱茶的定义里，特别强调普洱茶必须是云南大叶茶制作的。困鹿山作为普洱茶的一个古茶园，还是上贡给皇宫的贡茶产地，在这片全部是乔木茶的世界里，出现了高大的、树龄至少在 500 年以上的乔木型中叶茶和小叶茶，并且占有一定的数量，自然显得独特而另类。这里的乔木小叶茶叶片小得就像葵花籽般大小，十分难采，当地人称为细叶茶，并将茶树王旁边的这棵细叶茶命名为"细叶皇后"，而将另一棵距离不远，树杆更粗大的命名为"世界小叶种茶

大叶茶树和小叶茶树的对比

小叶茶和一支烟的对比

茶芽和手的对比

树王"。加上困鹿山古茶园里的大叶茶，还有叶片特别大，叶型长叶齿和叶尾特别的茶树，这些都让困鹿山这个古茶园变得十分吸引人。

对这片奇特的大叶种乔木古茶园中出现了中叶和小叶的现象，很早就引起了我们的注意。2016年，我们在困鹿山采了大叶、中叶和小叶放在手上拍摄了一张照片，也采了特长的大叶茶照了照片，足以看出这片茶园的独特。

关于困鹿山乔木小叶茶的来历，我们作了许多调查访问，民间有三种说法，第一种本土说，第二种变异说，第三种引种说，莫衷一是，还有待茶专家作深入细致的研究。普洱茶的理论研究往往会滞后一些，这体现在许多方面。

困鹿山有大、中、小叶的品种，那么大叶、中叶和小叶滋味口感又有什么区别呢？于是从2012年开始，特意叫困鹿山的茶农李应春的妈妈范红林为我们单独采摘（之前都是混采），制作了样品。

2013年5月，我们租了5辆越野车陪着广东深圳的二十几个普洱茶专家和爱好者开始了"2013年普洱茶山行"活动，他们是坐飞机到的思茅，第一站就是到困鹿山，然后再到千家寨、江城、易武、南糯山、老班章、景迈山等。事前，深圳龙岗村的一个普洱茶爱好者在2011年到困鹿山时，听我向他介绍了困鹿山的大叶茶、中叶茶和小叶茶，他感到很独特，所以这次茶山行前，嘱咐我一定要定制一棵小叶茶。这年4月春茶发时，我提前到了困鹿山，特意叫李应

困鹿山古茶树标志（许时斌　摄）

困鹿山粗大的树干（许时斌　摄）

细叶皇后

细叶皇后茶样

春的妈妈专门采了小叶茶，共采了 0.1 千克多一点。从困鹿山下来，我们准备去千家寨，当天晚上住在镇沅县的宾馆里，虽然已经晚了，但大家还是迫不及待地在宾馆大堂里泡了一泡，认真品尝了一下，香气足、甜度好、柔润爽口，大家赞不绝口。

2014 年，同样也叫李应春家采了一株，采了大约 1 千克，价格与其他的茶树一样。是另一个深圳普洱茶爱好者要的，他给我留了一半，至今还保留着，我想看看后期的变化和反应如何，没有压制，用一个土陶罐装着，偶尔拿出来泡一泡，对比一下。

想不到，近几年，困鹿山小叶茶的价格被炒到了那么高，1 千克鲜叶都卖到了上万元。1 千克小叶茶至少在 5 万元到 6 万元。据说，还有比这更高的。细叶皇后则高出好几倍。

困鹿山作为普洱茶一个特殊的存在，不仅仅体现在是皇家贡茶园，在她的背后还折射出厚重的历史和文化，而另一个是她独特的茶树品种和大叶、中叶、小叶混栽而带来的普洱茶种植品鉴的后续研究和科研考察。困鹿山是一个独特的普洱茶基因库，对这个基因库更深层次的科研，将给我们带来有关普洱茶栽培方法、栽培历史以及普洱茶传播演变和发展的一系列新的研究价值。

🔖 延伸阅读：阮福的《普洱茶记》为什么没有写困鹿山古茶园

《普洱茶记》是在 1825 年，即清道光五年完稿的，阮福在他短短 500 字左右的文章里，对普洱茶作了高度概括，指出："普洱茶名遍天下。味最酽，京师尤重之。"这句话对普洱茶作了高度概括，也是很经典、流传很广的一句话。这是阮福来到云南后查阅了各种史书，收集整理概括出来的，也是他对普洱茶的巨大贡献。阮福乃经学大师阮元之子，云南的金石学家，虽然未到云南之前他对普洱茶有一些了解，但到了云南才发现，这个大名鼎鼎的茶叶，在历史的典籍中记录可谓少之又少。明万历年间的《云南通志》，不过是记载了茶与地理的对应关系。这个问题对习惯于结绳记事、口口相传而缺少文字记载的云南来说，一点儿也不奇怪。然而，要想到普洱茶产地作一些哪怕是走马观花的了解和调查，在当时的时代背景和交通条件下，也几乎不可能。于是阮福便依据有限的资料在其所写的《普洱茶记》中写了普洱府不产茶的结论，自然也没有提到困鹿山古茶园。

阮福没有深入茶山认真做田野调查，只习惯于从有限的书籍资料中来研究普洱茶，这样做的结果，使他在普洱茶产地问题上作出了偏颇的结论，只写了有关书籍提供的"六大茶山"，而临沧、西双版纳、普洱等地更多的茶区都被他弃之不顾，造成了普洱茶长期以来用点掩盖了面的混乱情况。阮福还犯了一个逻辑概念上的毛病，即六大茶山按理最早归攸乐同知，后来归思茅同知管辖，而攸乐同知和思茅同知同样归属普洱府，六大茶山产茶也就可以说是攸乐产茶或者思茅产茶，也可以说是普洱产茶。同理，云南产茶也就是中国产茶，不可以说中国不产茶一样。大概念包含了小概念，这是逻辑概念问题。阮福的原文是这样的："所谓普洱茶者，非普洱府界内所产，盖产于府属之思茅厅界也。"所以从这句话里，明眼人一眼就可以看出，阮福犯了一个逻辑概念上的错误，不晓得这句话糊弄了多少人，并且糊弄了那么多年。阮福犯的逻辑概念上的错误，当然不值得计较；而更主要的是，他犯了一个唯心论的错误，只从有限的书本文字或者某人的简单结论中，就加以发挥著述，没有从客观存在的事实出发，在做好田野调查的基础上来充分论述。其实，在清道

困鹿山古茶园

光年间即阮福写《普洱茶记》的这段历史时期，普洱肯定产茶，宁洱也肯定产茶。这是被历史和现实所证明了的，只不过后来普洱的茶包括宁洱的茶，被沉重的税收和混乱的战争毁灭后，只有部分古茶树古茶园被逼仄到深山里，躲藏在边远的、我们常说的三不管的交界处，不愿被世人发现，或者说世人发现不了而已，因制约于交通也使得即使想认识古茶树古茶山的人也没有办法做到，只有被阮福忽悠了。阮福一句"普洱茶产六大茶山"的提法，把普洱茶产区许许多多的茶山茶园，包括西双版纳州的南糯山、班章、勐宋，还有临沧市的昔归、冰岛、白莺山，以及普洱市的景迈山、困鹿山、邦崴山，更有云南其他地方的茶山茶园等，都被他弃之不顾。现实已经打了阮福的脸。阮福没有到茶山的毛病和"天下文章大家抄"的毛病感染了许多人，他对普洱茶产区偏颇的结论从古至今也影响了许多人，乃至著名的茶人、文人、诗人、专家、学者。

研究普洱茶还是应该用历史的、辩证的、发展的、唯物的观点来探讨和认识。基于历史唯物主义和发展辩证的观点，不难找到普洱府址所在地宁洱县古茶树古茶园在历史长河中减少和消失的原因。

后来的许多学者、文人、专家都尊重事实，认真地去作调查，自然得出了客观公正的看法。2005年1月17日，《云南日报》刊载了由龙建民、朱丹等人撰稿的《寻找失落的古茶园》，文中记载了当时考察队的所见所闻，我们引述文中的部分文字：

"《普洱茶记》一篇1825年的文献，证明了百年前普洱茶的辉煌以至每个研究普洱茶的学者和爱茶人都把它奉为'圣经'。然而文中'所谓普洱茶者，非普洱府界内所产'的记述，又引发了普洱茶界无穷无尽的争论。普洱究竟产不产茶？面对记述不详的历史文献和众口不一的传说，我们只能去普洱，去直面事实……2004年8月17日，小雨，按照普洱县委宣传部安排的日程，我们将赴普洱县凤阳乡（今宁洱县宁洱镇）宽宏村困鹿山探寻普洱茶园的前世今生……'山后的古茶林'是什么年代种植的，为什么要种植在人迹罕至的深山老林，这深山里究竟隐藏着什么？……其年代是数百年还是上千年，谁都不敢轻语。但随后的考察，却让我们坚信了自己闯进了一个千年古茶园……此时，对于阮福为何在《普洱茶记》中说'所谓普洱茶者，非普洱府界内所产'；檀萃《滇海虞衡志》为何说'普洱茶不知产自何处'，已经不重要了。因为，我们已经找回了失落的古茶园。"

第二节　困鹿山茶叶品鉴

在云南众多的古茶园里，困鹿山是一个独特的存在，不仅仅是因为困鹿山皇家古茶园的身份，更是因其有着"茶树自然博物馆"的美誉。困鹿山境内分布着大面积的野生茶树群落，而广为人知的皇家古茶园则属于栽培型古茶树，其最大的特点是大叶种、中叶种、小叶种混生，茶树形态均为小乔木型，古茶树树高普遍在4~8米。代表性植株有困鹿山"茶王树""细叶皇后"等。

叶型划分标准（成熟叶面积）

叶型	特大叶	大叶	中叶	小叶
面积	＞50平方厘米	28~50平方厘米	14~28平方厘米	＜14平方厘米

叶面积（平方厘米）＝叶长（厘米）×叶宽（厘米）×0.7（系数）

为了更好更全面地体现困鹿山茶叶的特点，同时结合目前云南茶叶产品的发展趋势，我们选取了以下几款具有代表性的茶品进行品鉴：困鹿山古树大叶普洱生茶、困鹿山古树小叶普洱生茶、困鹿山晒红茶、困鹿山白茶，茶叶均为散茶。（注：这里的古树，特指困鹿山皇家古茶园内挂牌保护的古茶树）

困鹿山大叶、中叶、小叶叶片对比

为确保品鉴时的公平性和一致性，此次品鉴使用统一的泡茶用具和用水，品鉴方法采用了更符合人们日常品饮的冲泡方式，并选择了一个晴朗天气的午后进行品鉴，以期能真实准确地反映出茶品的风

困鹿山茶王树叶片标本

困鹿山细叶皇后叶片标本

困鹿山茶树王　　　　　　　　　　困鹿山细叶皇后

味特征，具体情况如下：

1. 冲泡器具：白瓷盖碗（容量 160 毫升）

2. 玻璃公道杯

3. 品茗杯：白瓷铃铛杯

4. 泡茶用水：桶装饮用水（pH 值 8.4、TDS 值 63）

5. 水温：品鉴地点为云南省昆明市，海拔 1890 米，水的沸点 94℃

6. 烧水用具：304 不锈钢电水壶

7. 品鉴流程：温杯洁具—投茶—闻干茶香—洗茶（醒茶）—闻公道杯茶香—冲泡（出 5 道茶汤，其中第 5 道茶汤闷泡 3 分钟）—品茗

8. 品鉴时间：2022 年 8 月 24 日

一、困鹿山古树大叶普洱生茶

困鹿山古树大叶普洱生茶为 2022 年春茶，散茶，冲泡时投茶量为 8 克。

外形：干茶条索紧结、细长，呈墨绿色，带少许黄色，白毫显露，芽叶明显，有少量梗，色泽油润。

香气：干茶有清香，公道杯香气浓郁，为花蜜香，香气淡雅且沉稳，冷杯香气持久，品茗杯挂杯香明显。

困鹿山古树大叶普洱生茶——外形

困鹿山古树大叶普洱生茶——汤色

困鹿山古树大叶普洱生茶——叶底

汤色：茶汤呈黄绿色至金黄色，洗茶时茶汤内茶毫明显，正式冲泡时茶汤清澈透亮，油润感强。

滋味：入口甜润，滋味醇正，有黏稠感，茶汤香气明显，唇齿留香。头两道茶汤苦涩不显，后两道微苦、涩显，苦涩位于舌尖和舌面，闷泡后汤感厚重，苦涩味明显，但整体均衡感非常好，苦涩转化很快，回甘生津明显，落喉甘润，绵柔持久。同时，口腔内香气弥漫的感觉非常明显，韵味十足，滋味饱满却不张扬，有儒雅之韵。

叶底：叶底肥厚柔韧，弹性好，呈黄绿色，光亮匀齐，有少许红梗和红叶。

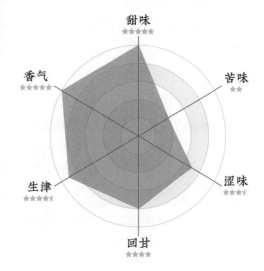

困鹿山古树大叶普洱生茶
感官品鉴指标

综合评价：困鹿山古树大叶普洱生茶，充分诠释了困鹿山的"雅"，其香气馥郁却不高扬，其滋味饱满却不霸气，甜润中带苦，柔中有刚，似谦谦君子，温润如玉。其"香"则贯穿着整个的品鉴过程，从干茶香、挂杯香、汤香到口齿留香，香气始终蔓延在口腔中，沁人心脾，悠远绵长。

二、困鹿山古树小叶普洱生茶

困鹿山古树小叶普洱生茶为 2022 年春茶，散茶，冲泡时投茶量为 8 克。

外形：干茶条索松泡、短小，部分不成条索，叶片较薄，墨绿色和黄褐色花杂，部分叶片偏黄，有白毫，色泽尚油润。

香气：干茶有浓郁的甜香，公道杯香气高扬且直接，花香强烈，为淡雅脂粉香，有少许焦糖香，冷杯香气持久，品茗杯挂杯香明显。

汤色：茶汤开始呈黄绿色，逐步冲泡后呈现出软黄金色，头三道茶汤内茶毫明显，

困鹿山古树小叶普洱生茶——外形　　困鹿山古树小叶普洱生茶——汤色　　困鹿山古树小叶普洱生茶——叶底

汤色清澈透亮，油润度高。

滋味：入口顺滑，清冽甘甜，汤水内花香上扬，有少许豆香，有一定鲜爽度。头两道茶汤有微苦、涩显，后几道苦涩逐渐加重，但转化快速迅猛，回甘生津强烈，层次感分明，尤其闷泡后的厚重感和糯滑感更加明显，茶气十足。汤水含香的感觉一直充斥着整个口腔，且持续不散，香韵落喉，冲击感强。

叶底：叶底细小，柔嫩油润，叶片稍薄，黄绿色为主，稍花杂，红叶红梗现象明显。

困鹿山古树小叶普洱生茶
感官品鉴指标

综合评价：困鹿山古树小叶普洱生茶，体现了乔木小叶茶的特点，香气浓郁高扬，萦绕不散，滋味顺滑鲜爽，清凉甘润，有苦有涩，回甘生津快速且强烈，层次感丰富，冲击感强烈。如林中精灵，不染尘垢。静时如处子，动时如脱兔，将清雅与灵动有机地融合在一起。

三、困鹿山古树大叶、小叶普洱生茶对比

外形：大叶的条索明显比小叶的条索粗大，且大小和色泽更加匀齐，油润感也更好，小叶则短小、轻薄，颜色花杂。

香气：干茶香气小叶比大叶浓郁且带甜香；公道杯香气小叶高扬，大叶较低沉；香型小叶为典型的花香，大叶在花香中带蜜香，香气均持久。

困鹿山古树大叶、小叶普洱生茶对比——干茶外形

滋味：入口汤感大叶比小叶更为厚重，但小叶有鲜爽度且有清凉感。就甜度而言两者差别不大，但风格上有所不同，小叶偏清甜，大叶偏蜜甜。苦味小叶比大叶明显，涩味也稍强，因此，小叶的苦涩转化更快，回甘生津显得更猛烈，层次感更加分明。汤香小叶更上扬，但两者香气弥漫、口齿留香的感觉都非常明显。

叶底：大叶的叶底明显比小叶的叶底大，且更厚实，柔韧度和弹性都比小叶好，小叶颜色花杂，红叶红梗比大叶多。

综合对比：综合来看，困鹿山古树普洱生茶无论是大叶还是小叶，均体现了一个"雅"字。大叶是"儒雅"，似饱学诗书之名士，深沉内敛，举手投足间从容不迫，又极具内涵，品之回味无穷；小叶是"优雅"，似童心未泯的小家碧玉，娴静如水，笑靥如花，秀外慧中，正应了那句"从来佳茗似佳人"，饮之念念不忘。

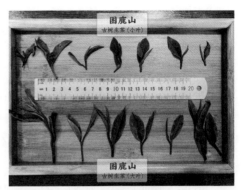

困鹿山古树大叶、小叶普洱生茶对比——干茶大小

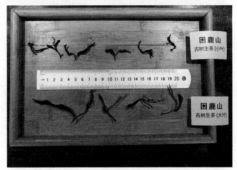

困鹿山古树大叶、小叶普洱生茶对比——叶底

四、困鹿山晒红茶

困鹿山晒红茶，鲜叶经萎凋、揉捻、发酵后，采用日晒的方式自然干燥制成，为2022年春茶，散茶，冲泡时投茶量为7克。

外形：干茶条索紧结、细长，呈棕褐色，颜色偏深，金毫显露，色泽油润。

香气：干茶甜香浓郁，公道杯香气高扬，为复合香，花香、果香为主，夹杂着干桂圆香和麦芽糖香等，同时带有少许的发酵酒香，让人有微醺的感觉；冷杯有梅子香，品茗杯挂杯香明显。

汤色：茶汤红艳、明亮，呈深琥珀色，杯沿有金圈，油润度高，有少许冷后浑现象。

困鹿山晒红茶——外形

困鹿山晒红茶——汤色

困鹿山晒红茶——叶底

滋味：入口甘甜糯滑，无酸杂味，汤水含香明显，为花果香，汤水润滑，有厚重感。未闷泡前几乎感受不到苦味，但有少许涩味，舌面有收敛感；闷泡后出现苦味，涩味加重，有一定的回甘和生津，但不算强烈。口腔内的甜度一直持续不断，同时伴随着香气蔓延，回味绵长。

叶底：叶底肥厚、柔嫩，有一定弹性，呈红褐色，鲜亮油润，芽叶明显，叶片大小、色泽匀齐。

综合评价：困鹿山晒红茶，结合了云南日照充分的气候特点，采用日晒干燥的工艺进行制作。其香气呈现出多元化的复合特征，融合了阳光的味道，多种香型交织。相对于传统滇红茶来说，香气更沉稳，滋味上也更柔和，没有高温火燥的感觉。品鉴时为当年的晒红茶，汤水中尚有一定的苦涩味，但增加了回甘和生津的层次感，随着存放年限的增加，晒红茶的苦涩会逐步减弱，厚度和润度都会进一步提升，体现"越陈越香"的特性。

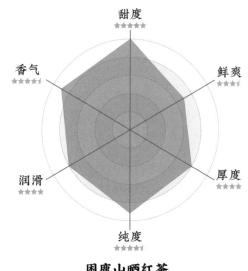

困鹿山晒红茶
感官品鉴指标

五、困鹿山白茶

困鹿山白茶，是采用困鹿山中叶、小叶茶青为原料，以室内自然萎凋干燥的工艺制成，为2022年春茶，散茶，冲泡时投茶量为7克。

外形：干茶芽叶连枝，自然展开，叶缘垂卷，叶片偏小，基本为一芽两叶，叶面呈墨绿色至黑色，叶背呈灰绿色偏黄，芽头壮实，白毫满布，色泽尚油润。

香气：干茶有甜香和药香；公道杯毫香上扬，清鲜纯正，带有花香，脂粉香明显，夹杂着糖香和果香，香气浓郁有醉人感；冷杯香尚持久，品茗杯有挂杯香。

困鹿山白茶——外形

困鹿山白茶——汤色

困鹿山白茶——叶底

汤色：茶汤干净透亮，汤水内白毫不显，油润感强，茶汤颜色随着冲泡次数逐步加深，洗茶时为淡黄色，头三道为浅黄色，闷泡后为金黄色，"清透"是其汤色最大的特点。

滋味：入口清甜，滋味顺滑，汤感细腻，鲜爽度高，汤水含香明显，花香弥漫，回甜中带回香。茶汤无苦味，略有涩味，随着冲泡次数增加，汤水的饱满度增加，甜味稍有下降，苦味依然不显，闷泡后苦味稍显，涩感加强，有少许回甘和生津。

叶底：叶底偏小，一芽两叶明显，芽头饱满，叶片偏薄，手感偏干硬，颜色花杂，呈黄褐色与红褐色，叶片大小均匀，色泽尚油润。

困鹿山白茶
感官品鉴指标

综合评价：困鹿山白茶，根据云南的茶叶原料和气候特点，采用室内萎凋干燥的方式进行制作。滋味整体来说，属于清甜鲜爽的口感，并体现了一定的"毫香蜜韵"。白茶的工艺较其他茶类简单，因此更能体现茶叶本身的特性，这款白茶的"香"，尤其是花香，正是困鹿山茶叶特点的展现。近年来，白茶的市场热度高，口感适口性强，同时，白茶适于长期存放，口感和功效都会随着存放时间有所提升。

总结：通过对上述四款困鹿山茶品的品鉴和对比，可以看出困鹿山茶叶原料的适制性很强，无论是传统的普洱生茶，还是红茶和白茶，均体现了困鹿山的茶叶特性和独到之处。其中，困鹿山古茶园的古树大叶、小叶普洱生茶，更是充分展示了困鹿山茶叶最大的两个特点——"香"和"雅"，极富张力却内蕴深沉，具有王者气韵却平和优雅，适合细细品之，"闻香知雅韵，啜饮醉流觞"。晒红茶和白茶由于其原料采摘的茶树树龄稍小，加之工艺的不同，在风格和韵味上体现了一定的困鹿山的特点，同样也具有较高的品饮价值，但层次感和特性的展现上不如普洱生茶辨识度高，期待能用古茶园的茶青来制作红茶和白茶，相信会有更大的惊喜。

品鉴现场（邓璇摄）

第三节　与困鹿山古茶园毗邻且近似的古茶园

　　困鹿山古茶园有一个特点，那就是从茶的品种来看，以乔木大叶种为主，同时还混生着小乔木中叶种和小叶种茶，这就使得困鹿山茶有自己独特的香气和口感。其实，在宁洱县或者相邻的县在经纬度、土壤和海拔高度等各个自然因素与困鹿山比较接近的情况下，那些古茶园与困鹿山古茶园从香气和滋味上都比较相近。与困鹿山古茶园毗邻且相近的宁洱县区域的古茶园有哪些呢？从普洱市政协编著的，由云南科技出版社于 2019 年 12 月出版的《普洱古树茶》一书，可以了解到在古普洱府所在地宁洱县有 15 个古茶园，主要分布在宁洱、磨黑、梅子、勐先、德安、普义、同心、德化等乡

扎罗山古茶园

镇，主要有困鹿山、新寨、扎罗山、板山、摆尾箐、小高场、茶山箐、茶源山、毡帽山、干塘、曼竜寨、柏树林、团山、官坟箐、磨盘山等古茶园。

在这些古茶园中，只要树种以大叶种为主，杂有中叶和小叶茶，海拔1600~2000米的古茶园，很多与困鹿山茶叶的滋味口感与香气都比较接近，例如：

扎罗山古茶园：位于磨黑镇团结村丫口寨，距磨黑镇约15千米，海拔1670米，典型植株位于东经101° 6.1′，北纬23° 14.3′。树龄300年左右，面积2亩（450多株），属栽培型大叶种小乔木型，为哈尼族先祖种植。树姿直立，分枝密度中，嫩枝有毛，芽叶绿白色，绒毛多，耐寒性、耐旱性均中。干茶色深绿带黄，富有光泽；汤色鲜明艳丽而有活力；香气纯净、高香而持久；味浓而不涩，浓醇适口，回味清甘；叶底芽叶肥壮质软。此古树茶在分类研究上有重要价值，可合理采摘，制作普洱茶。

摆尾箐古茶园：位于梅子镇永胜村摆尾箐，东经101° 00′，北纬23° 00′。海拔1800米，面积500余亩，树龄300年以上的古茶树有4684株，为哈尼族先祖种植。与困鹿

摆尾箐古茶园

磨黑官坟箐古茶园被砍掉后重新发起来的古茶树

德化大茶树

磨黑茶源山茶园

梅子镇岩洞古茶园

山皇家古茶园同出一脉，直线距离相距不到 30 千米，在海拔、气候条件等方面具有高度一致性。品质与困鹿山茶一样清新淡雅，又各有千秋。由于深山路险，多年来一直未被世人关注，保存完好。摆尾箐古树茶内含物丰富，品质优良，茶业界谓之普洱古树茶新贵、普洱古树茶瑰宝。摆尾箐古树茶条索肥长，白毫密布；汤色清黄透亮，入口滑润，回甘强烈，生津迅猛；香纯气正，喉韵清雅悠长，山野气韵显露，回味无穷。

官坟箐古茶园：位于磨黑镇星光村官坟箐，东经 101° 8′ ~101° 51′，北纬 23° 6′ ~23° 20′，海拔 1600~1800 米之间，植株为小乔木型，树姿开张，长势强。树龄在 300 年以上，茶园面积 30 亩，为哈尼族先祖种植。该茶发芽早，持嫩性好，白毫芽壮、芽头茎粗；条索肥壮而重实，干茶色泽鲜活，光滑润泽；汤色黄绿明亮，香气鲜锐高香而持久；味浓而不涩，纯正不淡，浓醇适口，回味清甘；叶底芽叶肥壮厚实质软，是制优质红茶和普洱茶的上好原料。

团山古茶园：位于宁洱县德化镇勐泗村，东经 100° 53′，北纬 23° 2′，海拔 1740 米。树龄 100 年以上，面积数十亩。这是一片不被关注的古茶园。古茶园处于喀斯特地貌和森林包围之中，香气独特，生津回甘好。

另外，宁洱县境内还有一些零星分布的单株古茶树，主要有清真寺古茶树、小新

普洱山脚曼夺古茶树（李天娅　摄）

德化高杆古茶树

曼夺古茶树（王文贵　摄）

德化团山古茶树

寨古茶树、民政古茶树、谦岗古茶树、石膏井古茶树、同心富强古茶树、大黑山古茶树、下岔河古茶树等。其中，清真寺单株古茶树位于宁洱镇裕和村回族组，地处县城之中。海拔1320米，东经101° 02′，北纬23° 4′，茶树为小乔木型，树龄450年左右，树姿半张，长势强，树高10米，树幅7.8米×8米，叶长10.9厘米、宽4.3厘米，最大干围135厘米，最低分枝高度0.3米，分枝密，嫩枝有毛。耐寒性中，耐旱性强。色深绿带黑，富有光泽，汤色深黄明亮，香气持续、含蓄，散发稳定，滋味浓爽适口，回味甘纯，叶底嫩而柔软。

　　至今宁洱县保存下来的古茶园，都有一个共同特点，即比较偏远、分散、面积不大，多处于村与村、乡与乡或者县与县交界的地方。从这些特点可以看出，当年茶农受到的欺凌和压榨，有多惨烈。

➥ 延伸阅读：普洱府址宁洱县古茶树、古茶园减少及消失的历史原因考略

普洱府址宁洱县过去存在着大量的古茶园，至今也还有不少的古茶树、古茶园。

在 2019 年 12 月云南出版集团云南科技出版社出版、普洱市政协编著的《普洱古树茶》一书中，关于"宁洱县普洱山古茶山"有这样的介绍："宁洱县是驰誉中外的普洱茶原产地和集散地，清雍正七年（1729 年）设立普洱府。宁洱县位于云南省南部、普洱市中部，地处东经 100°43′~101°37′和北纬 22°41′~23°36′，全县最高海拔 2851.1 米，最低海拔 551.7 米，属于北回归线以南的热带北部边缘区。地势北高南低，地形以山地、丘陵为主，气候有热带季风气候和亚热带季风性湿润气候类型，年平均气温 18.6℃，植被为热带雨林、亚热带常绿阔叶林。冬无严寒，夏无酷暑，四季如春，非常适宜林木生长。宁洱种茶历史悠久，茶叶种植兴于东汉，盛于唐朝，商于宋朝，成名于明朝，繁荣于清朝也衰于清朝，复兴于 20 世纪 80 年代。"

《普洱古树茶》

在詹念祖编的《云南省一瞥》(1931 年 5 月商务印书馆出版) 一书中，对宁洱产茶给予了肯定："宁洱的土壤气候虽然不利于农事而对于茶树的生长却是极为适合，所以当地的种茶事业很发达。茶树很高大，每年可摘二次，在初春摘下的新芽制成芽茶，品质最好，价值亦大，其他还有毛尖，女儿茶等分别。采茶多由妇女操作，制茶则归男子。"

《云南省一瞥》（李峻供图）

"普洱山古茶山分布情况。宁洱县古茶树资源十分丰富，有野生古茶树 12.2 万亩，最具代表性的是梅子镇永胜村罗东山野生茶树群落，树龄约为 1800 年，是迄今为止所发现的最古老的大理茶种茶树，典型植株高 14.75 米，树幅 14 米×12.8 米，基部围 3.4 米，最低分枝高 0.4 米。栽培型古茶树 3160 亩，以普洱茶种为主，称为"大叶茶"。另外，栽培型古茶树中有少部分中叶、小叶种茶，有乔木型、灌木型等多种类型。普洱山古茶山古茶资源主要分布在宁洱、磨黑、梅子、勐先、德安、普义、同心、德化等乡镇，主要有困鹿山、新寨、扎罗山、板山、摆尾箐、小高场、茶山箐、茶源山、毡帽山、干塘、曼竜寨、柏树林、团山、官坟箐、磨盘山等 15 个古茶园。"

当你走遍了宁洱县的古茶园，你会发现宁洱县的古茶园有几个共同点，即第一，古茶园面积都不是很大，从几亩到几十亩，大的只有几百亩，很少几千亩连片种植的；第二，宁洱县的古茶园绝大多数都离开大的村落，离开主要的交通要道；第三，宁洱县的古茶园大都处于乡镇或者县与县交界的地方；第四，离开普洱府所在地宁洱县城越远，面积越大，例如摆尾箐，这里离普洱府所在地宁洱县城最远，已经和镇沅、景谷交接，是三县交界的地方，也是宁洱县海拔最高的干坝子所在地。为什么会出现这样的状况呢？这就需要认真地从历史及现实中去探索和考证了。

　　从许多书籍记载中，或者从民间口口相传的历史中，普洱作为普洱茶的得名地，曾经拥有许多古茶园。清康熙五十三年（1714年），章履成在《元江府志》中写道："普洱茶，出普洱山，性温味香，异于他产。"这是历史上"普洱茶"一词首次面世，也明确了普洱茶的具体产地，明确指出普洱茶是产自普洱山的，同时也提出了普洱茶和其他种类的茶叶有着明显的区别。而此时比普洱府的建立时间清雍正七年（1729年），还早15年。相同的记载还有清乾隆年间赵学敏所撰《本草纲目拾遗》："普洱山在车里军民宣慰司北，其上产茶，性温味香，名普洱茶。"而1916年由藏励龢等开始编纂，1931年成书并由商务印书馆出版的《中国古今地名大辞典》中，这样介绍"普洱山"："在云南宁洱县（今普洱市宁洱县）境，山产茶……名普洱茶，清时普洱府以是名。"民国初柴萼在《梵天庐丛录》中记载："普洱茶，产云南普洱山，性温味厚，坝夷所种。蒸制，以竹箬成团裹。"清雍正七年（1729年），置普洱府，在普洱设立茶局。云贵总督鄂尔泰在普洱府宁洱县建立贡茶厂，制成金瓜贡茶进贡皇室。在当时的情况下，普洱府所在地宁洱县如果没有好的普洱茶资源，那就失去了基础。由于贡茶需要量太大，制作贡茶的原料不够，于是在思茅设立总茶店，从六大茶山采购补充。

　　从口口相传中可以了解到普洱山，狭义的普洱山可以看作是西门岩子，但广义的普洱山包括了东门山和普洱周围的所有山脉，这些山上很多都栽种有古茶树。我做田野调查时采访过普荣，关于普洱山古茶树他有一段回忆。普荣家在普洱山下的龙潭边，将近60岁的普荣就住在这里，他是地地道道的宁洱县老住户，属于宁洱镇裕和村龙潭边小组。他回忆道：在现今普洱茶集团旁边，听老人说过去有两个寺庙，一个是上寺普安寺，一个是下寺普祥寺，去上寺这条路叫上寺路，至今仍沿用。在上寺路村民小组这里有口井，井上边就有一片古茶树，还有一片栎树林。可惜这些几百年的古茶树后来被砍了，太可惜了，小的时候还见过。另外，我也采访过普洱县的老茶人周发光，他家祖上是从江西迁徙过来的，落户在藏马大道旁的谦岗塘，刚过来时，先祖周恩理在家里种下了一棵古茶树，至今已有400多年历史了。周发光1984年调到普洱县茶叶公司工作，曾担任公司党总支书记、副经理，后来出任普洱茶集团党总支书记，领导开发种植了白草地、板山等许多茶园，也到各县去做过普洱茶的种植、推广、辅导等工作。他在他所写的《普洱茶轶文》中也提到："晚清以来，普洱县人工种植的古茶树，

宁洱城里的古茶树

从一些碑文人物、茶种的分析看，晚清到中华人民共和国成立时（1949年），普洱城附近茶叶种植有两种类型：一是单株户种户有的古茶树。如宁洱镇回族村马文彪家约500年的古茶树，宁洱镇谦岗红土坡周家种的220多年的古茶树，黎明乡团山地下党员罗有祯家种的古茶树……二是户种户有的茶园。如宁洱镇太达村曼丹地下党员李希从家的小茶园，宁洱镇民政村三堂庙黎继昌家的古茶园，宁洱镇民安村五里坡郑宏普家的古茶园，宁洱镇谦刚村许维翰、李发云、邓育青家的茶园，宁洱镇西萨村罗仑成家的茶园，宁洱镇宽宏村李育清家困鹿山、中寨、外寨及那槽堂的茶园，磨黑庆明村新寨、团结村丫口寨扎罗山，普义乡干塘村等。中华人民共和国成立前，普洱茶叶的种植，根据许家碑文、周家茶树、黎时玉传述及茶种的推断，可分两个时段：第一个时段，1800年前（200年以上）的老茶树和老茶园有：谦岗红坡周家古茶树，回族村马家古茶树，民政三堂庙、宽宏困鹿山和磨黑庆明新寨、官坟箐、丫口塞扎罗山等地古茶园；第二个时段，1800—1949年（约150年左右）的宁洱东门山、太达曼丹、民安五里坡、谦岗茶树梁子、奎阁、老王箐、西萨老茶地及宽宏中寨、外寨、那槽堂乃至普义乡干塘等地古茶园。"

周发光说这些古茶园有的还在，有的逐步消失了，例如民安五里坡等地的古茶园都不见了。

当然，最有力的证据还是至今还保留在深山老林里边远地界的零零星星、大小不一的古茶园。在宁洱城里至今还存活着的500多年的古茶树，相传种植于明朝，至今枝繁叶茂、年年开花发芽。可以这样说，找遍中国所有大大小小的城市，恐怕只有宁洱城里至今还保留有这样的古茶树了，这是活的文物、活的历史。在普洱山，即西门岩子的西北边，有一个曼夺村子，至今还保存着一棵500年左右的古茶树，被砍了后，在根部又长出了7支茶树枝条，目前枝条已经很粗大。在梅子、在普义、在勐先、在德化、在同心……都保留有许多的古茶树。《普洱府志·食货志一》记载："普洱虽介万山聚杂之中，然地沃而力厚，五谷繁滋，盐、茶、矿产之利亦绕而溢。"

清光绪《普洱府志》卷之四十八（艺文志）中，载有许廷勋的七言长诗《普茶吟》，共四十八句，可以说是当年普洱茶历史的真实记录，写出了普洱茶山的独特环境、茶树生长的特点、种茶民族的习俗、采摘茶叶的过程、茶叶加工的方法等，从诗中可以领略普洱府周边有许多古茶树、古茶山。许廷勋（生卒年不详），宁洱生人，出生于乾隆年间普洱府城内一茶商家，自幼受普洱府茶文化熏陶，其父望子进学求仕，考入普阳书院研习。许廷勋身处普洱茶生产中心，平时多注意观察茶农茶事，立志精心学茶习茶，才写出了流传后世的《普茶吟》，对当年普洱茶叶生产情况作了真实的记录，也佐证了早年宁洱茶园丰绕广大且茶事忙碌的情况。许廷勋是普洱府历史上对普洱茶研究最深的人之一。

从许许多多的史料、文物和留存至今的古茶树、古茶园，可以看出宁洱县历史上普洱茶的繁盛，但历史和现实相比，反差确实有点大。只有去考证历史，阅读有关的史籍，并认真和全面地作好田野调查，才会发现普洱府址宁洱县古茶树古茶园减少及消失的历史原因。

首先，是"改土归流"后导致的少数民族迁徙，致使茶园荒芜和减少。改土归流作为一种政治改革，无疑是一种社会的进步，对于维护华夏中央政权和中华版图的巩固，都是十分有利和必须的。但任何的改革都会带来阵痛。实行"改土归流"实际上就是推行"流官管土官，土官管地方，逐步实现流官管理"的一种政治措施，流官就是汉官或者说是清朝廷派出的官，土官就是边地少数民族的土司头人。在推行这个政治措施中，必然会引发各种矛盾，民族头人自然要抵制，鄂尔泰在强行推进中，采用的是说服加高压，民族土司头人抵制不了，必然采取迁徙的方式，朝北是不可能的，唯一的出路就是南迁。所以，在云南从明朝以来，形成的实际情况是：中华民族的整体意识每前进一步，零碎狭隘的民族固守就会退后一步。在无量山和哀牢山，擅长于种茶制茶的古代少数民族的后裔哈尼族、布朗族、彝族只有南迁，而种茶制茶民族南迁的结果，就是导致茶园的荒芜和减少，还有种茶制茶技术的流失。

学者唐娜在她所写的《探究普洱茶产区南迁之谜》一文中提到："詹英佩指出，写《普洱茶记》之前，阮福并未研究过云南的民族迁移史，对百濮南迁、氐羌南下的历史不甚了解，也没有亲自前往六大茶山作实地调查，故而无法得知当时在六大茶山种茶的哈尼族、布朗族、彝族等有很大部分就是从普洱府一带南迁的。而据专家考证，布朗山民正是古代百濮民族的后裔。这些当初在哀牢山、无量山生活时便有过种植经验的民族，在进入六大茶山后断断续续种茶。直至清光绪年间，拉祜族、布朗族、哈尼族才逐渐迁离六大茶山。此时，当地茶产业已稳步进入鼎盛时期。"

普洱府文化学者万楷的《昔日普洱寺庙会馆补述》一文也谈到："明末清初，头酒房寨子西北沿河两岸住有傣族民众，当地的田地多为傣族民众的产业，产品除纳税和自食外，还要供给缅寺的和尚食用。清朝中叶，土司刀斗林率全体傣族民众迁往西双版纳，缅寺名称也就改为普济寺了。"（见《普洱文史资料》第十五辑）

其次，最严重的是茶叶赋税。由于横征暴敛，导致了茶园被毁坏，茶农被迫迁徙。

建立普洱府后，确定了普洱茶为贡茶，由于贡茶需要量很大于是大肆征收茶叶，大大加重了茶农的负担。"改土归流"建立普洱府后，第一任知府佟世荫和首任思茅通判朱绣就勾结起来，大肆派兵进茶山收茶，导致了思茅等地3年的茶山起义。这段历史有史书记载。在普洱府文化学者左仁安的《谈普洱府对土司的管理》一文中有比较详细地描述："……本来，为了'六大茶山'的发展，朝廷和云贵总督鄂尔泰早就严禁官府、官兵在茶的问题上扰民，规定'兵、差、役均不准入山。'但为了满足个人的私欲，佟世荫竟然违反这一规定，让李宗应亲自带兵以'巡边'为名，进山寨收茶。结果，'文武各员每岁二、三月间，即差兵役入山采购，任意作践，短价强买，四处贩卖，滥派人夫沿途运送。'为谋取暴利，李宗应下令逐家逐户强收，'短价强买''百斤

大茶树与普洱山毡帽顶，拍摄于裕和村攀枝花（陈阳 摄）

之价，只得其半'。一时之间，'兵差络绎于道''文官责之以贡茶，武官挟之以生息'，闹得乌烟瘴气，百姓痛苦不堪。各族人民被搜括得'酒不待熟，鸡不成蛋'，生存在水深火热之中。佟世荫、李宗应等人的倒行逆施，终于激起了茶山各族人民的强烈反抗。雍正十年 (1732 年) 农历五月二十二日，思茅以拉祜族、傣族为主的各少数民族在思茅芒坝河边蝙蝠洞聚众订盟起义。茶山遍传木刻，号召人们起来，反抗官府的横征暴敛。还联合了江城、宁洱、威远 (今景谷) 厅、他郎 (今墨江) 厅、通关哨 (今墨江通关镇)、新平、元江地的各族群众，共同起义。五月初九日，起义军在班鸠坡袭击了押解火药到思茅的清兵。十六日，即向思茅城发动进攻。茶山土千户刀兴国因不堪佟世荫和李宗应的欺压、勒索和侮辱，也参加了起义军，受到了拥护，成为首领……茶山起义坚持了三年之久……起义失败后，思茅各族人民为了不被杀害，纷纷砍茶树，塞盐井，逃往他乡。"

1729 年，普洱府设立后，普洱已成为滇南地区政治、经济、文化重镇，尤其成为了普洱茶主要产地和交易中心。清廷为更好地管控茶叶，云贵总督鄂尔泰在普洱府 (今宁洱) 设茶局，建立了普洱贡茶茶厂，整修茶马古道，同时在普洱、磨黑、通关、景谷、景东等地设置关卡，以便管理茶叶的运输。运送贡茶和茶叶的马帮，须持官府颁发的通关令牌，经关卡验证后方能放行，不持官府令牌入山采制和运输茶叶的则会受到刑罚。

清雍正十三年 (1735 年)，是普洱府成立的第 6 年，也是设立宁洱县的第 1 年。据《普洱府志》记载："雍正十三年 (1735 年)，题准云南商贩茶，系每七圆为一筒，重四十九两，征收税银一分。每百斤给一引。应以茶三十二筒为一引。每引收税银三钱二分。于十三年为始，颁给茶引三千，伤发各商行销办。"当年，经普洱府外销的茶叶 3000 引 (每引百斤)，计 150 吨，每引征税银 3.2 钱，年征税银 960 两。

"茶叶生产的繁荣景象及后来贡茶的兴盛，反而导致当政者因追逐利益最大化转而向茶农征收高额茶税。"

为了维护专供皇室朝廷饮用的贡茶，不惜耗用巨资，制作精益求精，品目日新月异，虽推动了茶叶科学技术的进步，贡茶的产制和运输，对交通建设，民族团结起到了促进作用，但"天子未尝阳羡茶，百草不敢先开花"的奢华，"皂隶官差去取茶，只要纹银不肯赊"的压迫，也使得茶农不能因种茶而谋生，定额纳贡制度，加重了茶农负担，使他们生活日益贫困，变成了压在茶农双肩的沉重枷锁。

当时的清政府没有更多的税收来源，主要依靠茶叶和食盐。在茶叶上赋税很重，一方面是使用茶引，征收茶税，方得运输出售；另一方面，从上至下，层层加码。首先，必须满足清朝皇室的需要，其次，省、府、县各级都要采制自己需要的贡茶，满足上贡送礼及自己所需。皇室的贡茶必须采用最好的头春茶制作，待皇室的贡茶制作完后，各级官员层层加码，横征暴敛，采购茶叶。有的地方还按茶树一棵一棵强行征收。由于茶叶赋税的加重，许许多多的茶农不堪重负，只能砍掉茶树荒废茶园，以减少税收。

为抗拒征税，清咸丰三年（1853年），哈尼族贫苦农民田四浪（又名田政、田以政，墨江县人），在太平天国运动的影响下，聚集3000多哈尼族、彝族、布朗族贫苦农民在墨江团田乡绿叶凹壁村举行起义，迅速占领了哀牢山中段地区。1856年，受田四浪农民起义的影响，哀牢山彝族农民领袖李文学联合各族农民5000余人，聚集于镇沅天生营誓师起义，在九甲安营扎寨反抗清军，因而得名"千家寨"（千家寨有2700余年的野生古茶树，目前是哀牢山著名的旅游和科考景点）。那时，哈尼族田四浪领导的起义军和彝族李文学领导的起义军共同联合作战，给予清朝统治者和封建地主阶级以沉重的打击。起义军在经济上实行"庶民原耕庄主之地，悉归庶民所有，不纳租，课税二成，荒不纳"的土地纲领，深得各族贫苦农民的拥护。这支在哀牢山战斗了20年的起义军，最终被清政府镇压下去了。

这场哀牢山的农民起义，也把宁洱卷入进去。宁洱县勐先板山的茶农同样因抵抗茶税而爆发茶农起义。后清政府镇压了茶农起义后，许多茶农迁徙到勐腊一带，有的还渡过澜沧江到了靠近缅甸的地方，例如勐海的布朗山老班章一带。迁徙出去的茶农每到祭拜茶树的时候，还会回到板山祭拜古茶树。勐先的茶农至今一直保留着祭拜茶树祭竜的习俗。

清朝茶税在普洱府址所在地宁洱导致的对古茶园古茶树的破坏和影响，原普洱新

普洱山、老屋与大茶树，拍摄于裕和村攀枝花（陈阳 摄）

华国茶有限公司党支部书记总经理包忠华在他最近出版的《普洱茶苦旅·寻茶》（云南科技出版社 2022 年 1 月出版）一书中也有过论述："很多资料中都记载在普洱府附近曾经有一定规模的茶山。清政府于雍正七年（1729 年）在思茅设官茶局、总茶店，由官方垄断茶叶销售，并将新旧商民全部驱逐。他们'重税于茶''清戥重称''多买短价，扰累夷方'，官府的盘剥更猛于虎，导致了雍正十年（1732 年）的大暴动。当时清政府处于较兴盛时期，茶农的'暴动'不可能是武力暴动，只可能以毁掉茶树的方式以示反抗。茶叶过去是普洱府衙的主要税收来源，但四通八达的茶马古道、山间小路，各地茶农私自贩卖交易茶叶，偷逃税金，给朝廷管理茶山带来不便。一边是重税盘剥，一边是当地茶农偷逃税收，于是官府采用按茶树多少、大小来征收'茶税'。'茶树税'和'茶叶税'是完全不同的两个概念。'茶树税'可谓是一劳永逸、旱涝保收；'茶叶税'是在交易过程征收。事实上'茶树税'成为重复征收的课税，这样即使是茶农自用也需交重税，茶叶的收入远不够交'茶树税'，不堪忍受重税的茶农进行了大规模暴动，但在当时清政府高压政策下，当地茶农不敢进行武力反抗，只能采用毁掉茶山、砍掉茶树这种最简单直接的方式，也是一种无奈的'自残式'反抗。'茶树税'此举，使官府在管理茶山、茶交易收税等更为方便，减少了茶商私自倒卖茶叶的条件，达到对周边茶山的'坚壁清野'效果。同时，采取了另一项'屯垦种茶固边'的特殊政策，引入大量石屏、建水等内地商人和茶工，在勐腊、景洪和勐海等地种茶，既弥补了普洱府周边茶农毁茶后的税收损失，也巩固了清朝的边防。这种舍近求远的政策，使朝廷'官茶局'所使用的'茶引'制、贡茶制得以推行，茶马古道上所设的多道关卡发挥了最大作用，使思茅、普洱等古城内的茶叶交易实现利益的最大化。"

清朝实行的屯垦种茶固边的政策，不仅仅体现在古六大茶山，至今在中国和越南、老挝、缅甸等边境地区还可以看到大片大片的古茶园古茶树，这些地方在过去都属于大清版图范围。

由于古茶树古茶园的减少，道光年间的《普洱府志》里记载的普洱茶就变成产自普洱府边外之六大茶山了。

第三，杜文秀"白旗下坝"攻占普洱府及其他战争导致了普洱府所在地茶园的急剧减少。上边谈到的哈尼族田四浪和彝族李文学领导的起义军在哀牢山联合与清廷作战，宁洱近在咫尺，也不可避免地爆发了勐先板山起义，这场战争对峙持续了 20 年，给普洱茶山带来了巨大的损失，这里就不再赘述，我们来看看杜文秀"白旗下坝"攻占普洱府这场战争对当地的影响。梁名志主编云南科技出版社出版的《普洱茶科技探究》在第一章普洱茶大事记第 8 页记载了这样一个史实："清同治二年（1863 年），杜文秀起义军攻陷普洱思茅，烧毁茶林，茶山百姓为避战祸，大量迁往他乡。"其实，从乾隆盛世以后，清朝已处在动乱和战争之中。道光二十年（1840 年），英国发动了第

普洱山裕和社攀枝花大茶树

一次鸦片战争。咸丰元年（1851年），国内爆发了太平天国起义，接着在墨江、镇沅等地爆发了哈尼族田四浪和彝族李文学农民起义。咸丰六年（1856年），云南的杜文秀起义，占领了滇西的广大地区，以大理为中心建立了地方政权，新建立的杜文秀大理政权也要扩张自己的地盘，必然会发动战争。在同治元年（1861年）至同治四年（1865年）长达4年的普洱府城攻守战中，白旗军占据普洱山下的田坝村、园照寺、普安寺、普祥寺一线，发动了对普洱府城的围攻。这场战争不仅毁坏了普洱山的几座古迹寺庙，也造成了普洱山古茶园古茶树的破坏。

学者刘一方在他所写的《"白旗下坝"与普洱城保卫战》一文中对此也有描述："大理地方政权觊觎普洱丰富物资已久，趁中央政权无力南顾之机，发兵攻占普洱府。杜文秀以白色绣银龙作为大理军队的帅旗，谓之曰：'白者，夜去昼临；银龙者，英物也。'命令全军旗帜一律使用白色旗子，故民间称大理军为'白旗军'，大理军从滇西经过无量山进入普洱坝区，老百姓又称这次战争为'白旗下坝'。这次'白旗下坝'占领普洱城两年两个月。杜文秀起义，'白旗下坝'的历史功过，自有史家评说。但就普洱府一地来说，的确是一场灾难，并且是空前绝后的大灾难。经过同治元年（1861年）、同治四年（1865年）前后两次的攻守战，城市凋弊，商旅中断，人口锐减，田地荒芜。仅以'普洱茶'为例，战前茶叶销售量每年570吨；战后茶农南迁，茶园荒废、城垣毁坏、市场瘫痪，兴旺130年的茶马古道中断。延至民国末年，茶叶年销售量只有2.5吨，以致形成'普洱历史上不产茶，只是茶叶集散地'的谬误。"

除了这次"白旗下坝"外，由于普洱是从大理经西双版纳到东南亚各国以及从昆明到西双版纳必经的交通要道，但凡发生在南边的战事，诸如抗英、抗法、平息边境动乱等战争，普洱免不了都要受牵连。

战争给普洱的茶产业带来了巨大的损失。几次战争后，宁洱县的茶农纷纷逃往"九龙江"，即澜沧江一带，他们把茶叶种植和加工的技术也带到了那里，后来也才有了普洱茶分布于澜沧江沿岸的说法。

第四，粮食紧缺生存危机导致的对古茶园的毁坏。由于粮食不够吃，不少地方砍了茶树改种包谷、山药等粮食作物。这个问题很容易了解，也可找到许许多多的依据。普洱府文化学者鲁国华写的《神韵普洱山》一文中，就有真实的一段记载："在宁洱城以西（即普洱山下），有一个只有23户的村子叫上寺村。据最年长的周应学老人（1929年生）讲，他的老一辈人说，很早以前这里居住着的先民是傣族，村后麻栎树林边有一座大寺庙，叫上寺，又叫普安寺，原香火很旺，'白旗下坝'那年居民四散逃往九龙江（即澜沧江）边，庙因无人居住、年久失修而毁，后来的居民就将此叫上寺村。村子后麻栎树林一带曾是一片茶树林，直到1962年毁林开荒，茶树林才被砍毁。在上寺南近百米处，有一寺庙遗址，原叫下寺，也同时毁于'白旗下坝'。"

第五，自然灾害主要是瘟疫对古茶园的破坏。茶产业的发展壮大，与地区气候条件、种植技术以及社会环境息息相关。从这个角度看，普洱（现宁洱）和思茅一带，虽然是种植茶叶的优质地带，但后来在这个地区，尤其是思茅，受瘴气所困的自然环境、因民族迁徙流失的种植技术和战事频发的动荡局势，无疑都限制了当地茶叶种植规模和范围。

由于普洱府址宁洱县古茶树古茶园大量急剧地减少和消失，加上普洱茶交易地不断南迁，从普洱迁到思茅再到易武和勐海，六大茶山以及勐海的优势凸显出来。到了清朝末期，在当时交通和通信不便的情况下，许多人对宁洱县古茶园已经没有了认识，更缺乏了解。普通人是这样，即使有条件的官人和学者同样如此。

俯拍普洱山下大茶树（陈阳 摄）

困鹿山途中（陈发坤 摄）

第五章

困鹿山普洱茶事

第一节　领导、专家和媒体聚焦困鹿山

困鹿山从久居深山人未识，到撩起面纱露出真容，再逐步走出大山让社会窥其一斑，直到展示出皇家古茶园全貌，这一个过程也碰到了一个契机，这个契机就是宽宏小学百年校庆，说起这个契机当然就是百年一遇了。

2002 年 4 月 15 日，宽宏村小学教师李兴昌给《普洱》县报编辑部写了《爱国志士宽宏两等小学兴办人李铭仁先生生平壮举》一文，县委宣传部部长李文秋委托已退休 5 年的万楷对有关事情再深入采访后修改刊发。在深入采访中，万楷感到宽宏村可采写的素材较多，是一块史料的"富矿床"，于是就与热心宣传家乡的李兴昌老师合作，在地、县报刊上持续发表了《宽宏村不寻常》《宽宏小学的兴盛历程》《记李铭仁》等文章，表明宽宏村有创建古茶园、爱国主义教育基地和旅游景点的潜力。

在查明宽宏村自 1902 年就创办"正兴义学"的历史后，万楷建议抓住 2002 年这一难得的时机，举办一次办学百年的纪念活动，以扩大宣传的效果。此建议得到了李

专家茶人在困鹿山茶王树前合影

老师的赞同和村、乡、县区有关部门的重视，也得到曾到宽宏村进行过革命活动的老同志、老校友和宽宏村民的支持。2002年12月25日，宽宏小学成功举办了"宽宏村办学百年纪念座谈会"，普洱县人大政协和地县教育局等44个单位的代表、老干部、老校友、英国救助儿童基金会的爱丽丝、54年前参加过"西萨截枪战斗"的聂显翰、《景谷县志》主编冷启鹤、磨黑中学到过宽宏活动的胡伟卿、在宽宏工作过的杨丽初、宽宏小学创办人李铭仁的孙女李崇仙等300多人冒

专家茶人考察困鹿山

雨莅临。曾任中国人民解放军滇桂黔边纵队第九支队政治部主任、普洱专区地委委员唐登岷，时任普洱县副县长的陆英，1949年前后曾先后到宽宏村工作过的中共思普特支书记潘明、荀彬等老同志发来了贺电、贺信、贺词。"宽宏村办学百年纪念座谈会"开得十分热烈，座谈会后参观了宽宏村，晚上举办了跳笙晚会。

　　就是因为此次校庆，宽宏村有2000亩千年栽培型古茶园的消息传到了台湾同胞黄传芳先生耳中。这位深爱普洱茶的台湾人便在2003年1月11日，由杨丽初和地区科委王建国陪同，到宽宏村"大茶树林"进行了实地考察，并于同年3月19日，与凤阳乡政府签订了开发意向书。可惜后来不知什么原因终止了。

　　之后，此事得到了有关领导和媒体的重视和关注，不断有介绍困鹿山的文章见诸于报刊。

2002年4月16日,《普洱》县报上发表了宽宏村困鹿山古茶林的一些照片和文字材料。

2003年3月19日,在普洱县、乡、村各级党政领导的重视下,黄传芳邀请台湾知名作家吴德亮先生到宽宏村采风,并撰写了《风起云涌普洱茶》等专著,在海内外引起了较大反响。前来宽宏采风、考察的人日益增多,省、地、县、乡领导也多次到古茶林调研。同年12月20日,思茅地委宣传部长黎素梅、思茅地区旅游局局长等人到宽宏古茶林调研指导工作。

2004年3月4—5日,云南省人大副主任黄炳生、云南省农业厅马嘉、云南省计委计划处处长保卫民等,在地区人大副主任赵发明、县委书记李应华、县长李大超、县人大主任黄健、凤阳乡党政领导陪同下,到宽宏村古茶林考察,与村民亲切交谈,了解情况。

2004年8月,云南省委宣传部考察团一行10余人,对普洱(宁洱)进行了为期4天的考察,随团考察的还有云南农业大学茶学系周红杰教授、《云南日报》理论评论部、云南报业集团《社会主义论坛》编辑部、《大观周刊》、昆明电视台、五华房地产公司等单位的有关负责人、专家、学者及记者等。随后,《云南广播电视报思茅周刊》综合刊载了万楷、周少仁等4人采写的《云南省委宣传部到普洱考察普洱茶产业与普洱茶文化》的新闻。

2004年11月19日至21日,由中国农业科学院茶叶研究所研究员、

云南省普洱县野生大茶树和古茶园现场考察鉴定意见

2004年11月19-21日,由中国农业科学院茶叶研究所、中国科学院昆明植物研究所、云南省农业科学院茶叶研究所、云南农业大学、中国普洱茶研究院等单位专家组成的野生大茶树和古茶园考察组,对普洱县黎明乡茶源山、凤阳乡困卢山的野生茶树和古茶园进行了现场考察、调查和采访,经分析研究,提出如下鉴定意见和建议:

一、从黎明乡茶源山野生大茶树的居群看,普洱县处于茶组植物的起源中心范围之内。

二、据对凤阳乡困卢山茶园的典型植株的观测,该茶树在分类学上属普洱茶种,是栽培型茶树,习称为大叶茶。

从困卢山古茶园的茶树树龄、分布密度和长势看,是目前已发现的保存较好、仍有栽培价值的古茶园之一,从而表明普洱县是古普洱茶的原产地之一。

三、由于野生大茶树长期以来已经与周围环境形成了紧密的依存关系,适应性已经非常脆弱,故建议应该加以重点保护,不要任意搬迁和砍伐,尽量保持其原有的生态环境。古茶园应保持其原有的耕作方式,适当修剪病枯枝和寄生植物,防治病虫害。在做好保护的前提下,可作为科普教育或旅游景点适度开发。

考查鉴定专家组主任:虞富莲

副主任:张芳赐

专家组成员:王平盛 下发 杨柳霞 杨盛荣 方悦生等

二〇〇四年十一月二十二日

普洱县野生大茶树和古茶园现场考察鉴定意见

全国农作物品种鉴定委员会茶树专业委员虞富莲为主任，云南农业大学教授蔡新为副主任，云南农业科学院茶叶研究所研究员王平盛、云南农业科学院茶叶研究所研究员张俊、中国普洱茶研究院院长杨柳霞、中国科学院昆明植物研究所研究员杨世雄、普洱哈尼族彝族自治县县长李大超、副县长李世武等7人为组员，组成高规格的专家组，对普洱县的野生大茶树和困鹿山古茶园进行了考察，并作出了《云南省普洱县野生大茶树和古茶园现场考察鉴定意见》。

2005年1月5日，新华社播发了消息称："由中国农业科学院茶叶研究所、云南农业大学、云南省农业科学院茶叶研究所、中国科学院昆明植物研究所等组成的普洱古茶树考察论证专家组，对普洱县黎明乡仙人村茶源山、凤阳乡宽宏村困鹿山的野生大茶树和困鹿山古普洱茶园进行了为期3天的实地考察，对凤阳乡宽宏村困鹿山古茶园的典型植株进行了观测。专家们经分析研究，认定植株为小乔木，在茶树分类学上属普洱茶种，是栽培型茶树，习惯称为大叶茶。从困鹿山古茶园的茶树树龄、分布密度和长势看，是目前已发现的保存较好的古茶园，从而表明普洱是古普洱茶的原产地之一。"

2005年1月17日，《云南日报》刊载了龙建民等4位记者图文并茂的《寻找失落的古茶园》的报道。

2005年12月7—9日，普洱县委、县人民政府再次邀请中国科学院西双版纳热带植物园副研究员张顺高，云南农业大学教授张芳赐、蔡新，云南省农业科学院茶叶研究所研究员王平盛、副研究员许玫，中国普洱茶研究院院长杨柳霞，思茅市商务局何仕华等7名专家组成考察组，先后对普洱县宁洱镇白草地豹子洞、宽宏村困鹿山等地的栽培型古茶树、古茶园和野生型古茶树群落进行了考察。考察组认定宽宏村困鹿山栽培型古茶园典型植株为小乔木，树高9.8米，树幅5.2米×5.9米，基部干径0.53米，分枝密，嫩枝及芽多毛，叶长9~11厘米，叶宽4厘米，花冠直径3~5厘米。专家认为，该茶树为普洱茶种，树龄为400~500年。考察结束后，专家们展开了热烈的讨论，最后形成了《云南省普洱县野生大茶树和古茶园现场考察鉴定意见》，认为：普洱县野生大茶树分布在黎明乡、宁洱镇、梅子乡等海拔1800~2400米处，分布面积约51000亩；其中，栽培型17000亩，如罗东山古茶树群落，密度高、长势旺，成为云南野生茶群落典型，证明了普洱县是世界茶树起源中心之一。专家鉴定组提出了建议：一是，野生大茶树是我国Ⅱ级保护植物，普洱县的野生茶树整个群落生长在原生的自然植被中，且保存完好，未受人类破坏，生物多样性极为丰富，具有重要的科研、历史、经济价值，是珍贵的自然遗产和生物多样性的活基因库。因此，要加以保护，并保护好原有的生态环境。二是，要对野生大茶树进行理化成分分析和食用性研究。三是，对栽培型古茶园控制采摘，严禁砍伐。四是，要在栽培型古茶园周围发展新茶园。考察结束，何仕华及时撰写了《普洱县古茶树考察纪实》，刊登于 2006 年 4 月 7 日《思茅日报》第 3 版。

2006 年 1 月 18 日，云南日报报业集团主办的《大观周刊》第三期刊发了《困鹿山皇家茶园重现江湖》文章，记述了困鹿山古茶园的故事。

2006 年 4 月，《思茅日报》刊载了郑立学图文并茂的《普洱贡茶与困鹿山皇家古茶园》的纪实报道。郑立学第

部分报刊书籍登载的困鹿山的文章

一次上困鹿山是 1976 年，那时困鹿山没有通公路，他和李祖宁是从昆汤沿着山脊步行到困鹿山的，第二次上困鹿山是 1984 年，也是徒步上去。30 年后的 2006 年 2 月 3—4 日，郑立学再次探访普洱贡茶神秘的产地及遗落深山的困鹿山皇家古茶园，他在文章中表达了再访困鹿山的感受及深情。此文后收入《探秘普洱茶乡》一书。

2006 年 5 月 23 日，《思茅日报》第 3 版刊登了徐培春写的文章《困鹿山人与茶和谐相处的世外桃园》。同年，中国普洱茶唯一专业杂志《普洱》也刊登了该刊编辑黄雁采访宽宏的文章《探秘皇家古茶园——普洱有座困鹿山》并配发了郑立学拍摄的 5 幅照片。

从普洱府文化学者万楷撰写的《普洱皇家古茶园的前世今生》（普洱文史资料第十五辑）一文中，我们可以获得有关这个问题的许多信息。从各种渠道综合整理了部分资料，以飨读者。资料有限，挂一漏万，请大家见谅。

近年来，省、市、县各级领导，乃至国家有关部门的领导也多次到困鹿山考察并指导工作。

第二节　张国立认养困鹿山古茶树并参与重大的普洱茶事活动

　　作为饰演过康熙、雍正、乾隆等多个清朝皇帝的著名演员，张国立深知清朝皇帝对普洱茶的喜好。

　　可以说，清朝皇帝没有一个不爱普洱茶的。作为一个肉食乳饮的民族，是须臾离不开茶叶的，尤其是降脂、减肥、刮油的普洱茶。吃惯了大鱼大肉、高脂肪、高蛋白、满汉全席的清朝皇帝自然更离不开普洱茶，也正因为如此，普洱茶在清朝达到了顶峰时期，成为了贡品。清朝皇帝个个把普洱茶当宝。雍正皇帝在工作累了困了的时候，就喜欢喝普洱茶解乏。乾隆皇帝不仅喜欢喝茶，还说"普洱茶给朕四万首诗的灵感"，最著名的有写品饮普洱茶的诗《烹雪用前韵》，这首诗为七言二十句，其中四句是："独有普洱号刚坚，清标未足夸雀舌。点成一椀金茎露，品泉陆羽应惭拙。"乾隆皇帝有一段关于茶的著名对话：臣说国不可一日无君，乾隆说君不可一日无茶。爱喝普洱茶爱写诗的乾隆皇帝一生写了45000多首诗，在位60年活了89岁，是中国最长寿的皇帝了。道光皇帝亲自题写了"瑞贡天朝"的牌匾。档案记载光绪

著名影星张国立认养的困鹿山古茶树

《思茅日报》登载了万楷写的文章"张国立认养古茶树 宽宏村借助谋发展"

皇帝每天喝 1 两 5 钱茶，按过去老称计量单位计算，一年要喝 34 斤 2 两。老舍先生曾问末代皇帝溥仪，你当皇上时喝什么茶？溥仪告知"清宫生活习惯，夏喝龙井，冬喝普洱，拥有普洱茶是皇室地位的标志，皇帝每年都不放过品茗普洱头贡茶的良机。"

　　不知张国立是出于对清朝皇帝对普洱茶爱好的理解，还是出于个人对普洱茶喜好的原因，总之张国立与普洱茶同样结下了不解之缘，自然也与困鹿山结下了不解之缘。

　　2003 年 7 月 20 日，经台湾茶人黄传芳和思茅地区科委、普洱县科委牵线搭桥，著名演员张国立出资认养了普洱县凤阳乡宽宏村的一棵千年古茶树。张国立认养的古茶树，位于困鹿山顶一片植被完好的森林中，树干径围 2.53 米，树高约 25 米，分枝三杈。对此，云南电视台专门作了报道。同年 8 月 2 日，张国立委托陈剑夫妇到宽宏村困鹿山实地探视他认养的古茶树。同年 9 月 4 日，《思茅日报》刊载了万楷写的文章《张国立认养古茶树 宽宏村借助谋发展》。

　　张国立不但出资认养了困鹿山古茶树，还参与了普洱市重大的茶事活动。

　　2005 年 5 月 1 日，在"马帮茶道·瑞贡京城"普洱茶文化北京行的活动中，张国立特地从浙江横店拍片现场赶到了普洱（今宁洱），参加了云南进京大马帮出发的隆重仪式。

　　5 月 1 日清晨，按照组委会的安排，著名影星张国立拉着他认购的其中 10 匹马驮着 10 驮茶提前来到了茶庵堂，查看了进京马帮必须经过的茶庵塘茶马古道，领略了茶庵鸟道自然秀美的景色，赶马走过茶马古道，留下了马帮进京形象大使的光辉形象之后，接着赶回普洱（今宁洱）县城，参加云南进京大马帮的出发仪式。

著名影星张国立为马帮送行

张国立认购的普洱茶

出发仪式隆重而热烈，仪式感极强。这天，普洱县城晴空万里，风和日丽，彩旗飘扬，万人空巷。在昔日老普洱府马帮进出的东城"朝阳门"和月城"迎恩门"附近，如今的凤凰楼旁，临时搭起了主席台。上午9时，十几个壮汉吹响了彝族过山号，一身赶马人装扮的电影明星张国立作为此次马帮的形象大使一出场，就受到了大家的热烈欢迎，引来了现场众多粉丝的一片尖叫声。

张国立在出发仪式上发表了热情洋溢的讲话，充分赞扬了马帮精神，他说马帮精神是一种坚韧不拔的精神，普洱的人民有一种马帮精神，马帮汉子们在山间默默地走着，期盼着沟通、开拓出未来。马帮精神是至今仍应发扬的一种精神！

马帮经过茶城大道

当女马锅头格达娜接过了马帮大旗，赶马锅头们喝完了壮行酒，张国立为头马挂了头彩，在云南省关工委原主任，后来的云南省普洱茶协会会长张宝三一声"起驮"号令下，浩浩荡荡的大马帮在人山人海的簇拥中，绕过文昌宫，穿过凤新街，朝着茶庵堂，向着北京出发了。著名影星张国立作为马帮形象

马帮从老普洱府东门"朝阳门"出发

马帮在文昌宫前伫立受礼

大使走在了马帮队伍里。

在普洱吃过午饭，张国立就乘车赶往昆明，再转乘飞机赶回杭州拍片现场，可谓是马不停蹄，这也是不屈不挠的一种马帮精神吧！

张国立此次出任首届"马帮茶道·瑞贡京城"普洱茶文化北京行形象大使，不仅在普洱茶的源头定购了普洱茶，还对这次大马帮驮运的普洱茶举行了义卖助学活动。

著名影星张国立购买 20 匹骡马参与此次活动，他的 400 筒茶品由墨江马队从普洱驮运至北京后，已全部交给本人收藏。马匹编号为 80~100 号，茶品编号为 S0811~S1210。在 2005 年 10 月 15 日北京老舍茶馆举行的慈善公益拍卖会上，张国立先生捐赠了他认购的其中两筒茶品参拍，其中编号为 S0999 的茶品被李广元先生以 160 万元购藏；另一筒编号为 S0888 的茶品由云南省青基会保存（资料见《茶马史诗感动中国——"马帮茶道·瑞贡京城"普洱茶文化北京行纪实》云南出版集团 云南科技出版社 2006 年 9 月第一版）。

第三节 茶源广场困鹿山茶义卖助学

2005 年 12 月，普洱茶源广场建成并投入使用，2006 年 4 月 8—9 日，在这里隆重举行了云南省普洱茶协会成立及普洱茶街开街仪式。活动期间，困鹿山茶在这里举行了义卖助学。

普洱茶源广场是在普洱府时，著名的"普阳八景"之一的"城畔荷风"的莲花潭上建成的，寓意普洱是普洱茶的发源地，是茶马古道之源，普洱茶从这里走向世界。

茶源广场位于普洱山脚下，是普洱（2007 年 4 月后名为宁洱，后同）哈尼族彝族自治县成立 20 周年的献礼工程。整个广场投资 1600 万元，占地 82 亩，是普洱市内最大的城市广场，为宁洱县大型活动主要场地及城区百姓茶余饭后休闲娱乐的最佳场所。茶源广场以普洱茶文化为轴线，有七子饼广场、茶源广场雕塑群等景观。同时，茶源广场还建立了几块重要的碑刻，到目前为止已有五块，第一块是茶源广场建成时由云南省文化厅、云南省交通厅、云南省茶马古道研究会在茶源广场建立的"茶马古道零公里碑"，又名"茶之源道之始"碑；第二块是为纪念茶源广场的建立，普洱哈尼族彝族自

2006 年拍摄的茶源广场

2006年4月8日，茶源广场开街暨云南普洱茶叶协会（现云南省普洱茶协会）成立

治县政府立了一块"普洱府城图和普洱府赋"碑，正面是普洱府城图，背面是《普洱府赋》；第三块是"普洱茶源"石碑，2004年11月，思茅市政协邀请全国政协原主席李瑞环题写"普洱茶源"，并把题词赠予普洱县，普洱县选一巨石将"普洱茶源"四字刻于石上以示纪念，2009年6月立于县城茶源广场；第四块是"百年贡茶回归普洱纪念碑"，这是宁洱哈尼族彝族自治县人民政府于2010年4月6日立的，背面是贡茶回

茶源广场开街

归的文字介绍；第五块是"茶马古道源头零公里标识"碑，云南省测绘地理信息局和宁洱哈尼族彝族自治县共同于2015年6月27日立的"茶马古道源头零公里标识"碑，背面是茶马古道介绍。这块碑明确地标出了茶马古道零公里的经纬度。

茶源广场上的这些景观和碑刻，反映了宁洱各族人民在历史的长河中与茶相生相伴、以茶会友、以茶进贡的情形，体现出"文化宁洱、风情茶乡、普洱茶都"的精神风貌。

2006年4月，云南省普洱茶协会在茶源广场隆重宣布成立，时任云南省关心下一代工作委员会主任的张宝三出任云南省普洱茶协会会长。同时，为了庆祝茶源广场的建

遗落深山的皇家古茶园

立和云南省普洱茶协会的成立，在茶源广场隆重地举办了茶源广场开街仪式，来自四面八方的普洱茶商汇聚在这里销售普洱茶，热闹非凡。

在茶源广场开街期间，困鹿山茶场租下了门面，写真了大幅的宣传画"困卢——遗落深山的皇家古茶园"，压制了许多金瓜贡茶，认真作好了各种准备。困鹿山茶场的潘广新董事长和林广彦先生自己出钱加印了刊载有郑立学年初写的《普洱贡茶与困鹿山皇家古茶园》一文的《思茅日报》（今《普洱日报》）1000 份，在茶源广场开街期间广泛宣传，赠送给大家阅读，让更多的人来认识了解困鹿山。同时，在普洱茶街开街当天，举行了困鹿山普洱茶义卖助学活动，得到了社会各界和茶叶买主们的积极支持，纷纷慷慨解囊，收到的 10040 元爱心款，转交到了普洱县关心下一代工作委员会办公室，以资助品学兼优的贫困学生。

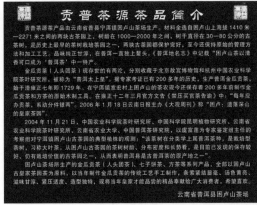

贡普茶源茶品简介

困鹿山茶场捐款荣誉证书

➘ 延伸阅读：从"城畔荷风"到茶源广场

未建立茶源广场之前，这里是一个莲花潭，每到夏天，满池的荷花开了，有白色、有红色，绿叶摇曳，水波潋滟，十分漂亮。

普洱府时宁洱县有两个莲花潭，这两个莲花潭有共同点，也有不同点：共同点是都在老城墙旁，不同点是一个在城里一个在城外，城里的在北，城外的在南。不管城里的莲花潭还是城外的莲花潭，每到夏季，都一样张扬着摇曳的风姿，流露着高雅的神韵，宣泄着"出淤泥而不染"的气质，同样组成了普洱府著名的"普阳八景"之一的"城畔荷风"。

对于"城畔荷风"这样一个著名景点，过去在普洱府无论任过知府还是知县的官员，都会留下诗文。

单乾元，江苏人，举人，善诗文，尤工书法，乾隆二十五年（1760 年）任宁洱知县。知县单乾元曾经写过一首"城畔荷风"："芳塘幽折路，何必泛仙槎。座挈清流士，行看君子花。绿摇云过雨，红堕水铺霞。鸥本忘机友，飞经雉蝶斜。"

城畔荷风

牛稔文，直隶天津人，举人，曾任《四库全书》缮书处分校官，与清朝大文豪纪晓岚是表亲，嘉庆六年（1801 年）任普洱知府。牛稔文写的"城畔荷风"："方塘不满亩，空慕采莲槎。世若无君子，天何放此花。自然成绝品，哪用拟流霞。爱尔经风雨，亭亭未肯斜。"

郑绍谦，广西临桂人，进士，道光二十年（1840 年）任普洱知府。郑绍谦写的"城畔荷风"："香风几阵接城过，曲沼新开点点荷。玉立未当摇落日，清园时见露珠多。"

茶源广场雕塑（罗涛 摄）

2005年，在"城畔荷风"的莲花潭上建成了普洱茶源广场。寓意宁洱是普洱茶的发源地，是茶马古道之源，普洱茶从这里走向世界。茶源广场以普洱山为背景，站在宽阔的茶源广场上，可以清晰地看到普洱山天然形成的"茶"字，为普洱山四绝之一的"茶印"。茶源广场是宁洱哈尼族彝族自治县成立20周年的

茶源广场雕塑

献礼工程，广场以普洱茶文化为轴线，有七子饼广场、"茶马古道零公里碑"、"贡茶回归纪念"碑、"普洱茶源"碑、茶源广场雕塑群等景观。这些景观反映了宁洱各族人民在历史的长河中与茶相生相伴、以茶会友、以茶进贡的情形，体现出"文化宁洱、风情茶乡、普洱茶都"的精神风貌。整个广场投资1600万元，占地82亩，是普洱市内最大的城市广场，为宁洱县大型活动主要场地及城区百姓茶余饭后休闲娱乐的最佳场所。

从"城畔荷风"到茶源广场，这是一个历史的进步。

茶源广场建成时，立了两块碑，第一块是由云南省文化厅、云南省交通厅、云南省茶马古道研究会在茶源广场建立了"茶马古道零公里碑"，又名"茶之源道之始"碑。此碑高4.9米，基座边长4.9米，厚1.5米，在茶马古道碑的左侧镌刻着"茶之源道之始"，

"茶马古道零公里碑"（罗涛 摄）

右侧镌刻着"普洱府二百七十七周年祭",背面是茶马古道的文字介绍,落款日期是公元 2006 年 4 月 9 日。

"茶马古道零公里碑"碑文如下:

"神州边陲,滇省之南,孔雀开屏,大象起舞,无量横旦,沧水蜿蜒,云雾缭绕,土沃物丰,各民族安居乐业之所也。佳木遍野已逾千年,采之以煮、以烤、以蒸,制之以饮、以药、以贾,民之依,国之饮矣。此乃世界茶树之原生地。古之普洱府,茶之源也。

夫天造普洱,遑遑久矣!瑞贡京都始周武,携茶和番美文成,孔明南征兴茶事,银生节度壮茶乡,朝代更迭多少事,茶起茶落茶绵绵。逮及清雍正七年,设府定日普洱,铸就普洱茶数百年之辉煌也。

普洱府领一县三厅一司,即今之思茅市、西双版纳州及临沧市之一部。境内沧江之东,易武、倚邦、攸乐、曼砖、革登、莽枝六大茶山耸立,普洱、思茅、江城、景东、景谷、镇沅、墨江比肩,更有江西之澜沧、勐海、勐宋、南糯、临沧、凤庆、双江争秀。府之治地普洱,古之茶乡,茶事兴旺,江内外之茶集散于此,商贾辐辏,店铺林立,马帮万千。茶无名不足以立,不足以传,于是乎以普洱名其茶,四海心悦,五洲认同也。

茶马古道已逾千年,山间铃响,茶马相伴。北上官道,普茶扬名京城,香透西安,红遍北京。宫廷皇族,六部五府,大观府第,绣楼书房,竞品普洱茶,京畿普洱腾贵。西走雪域,五千里路云和月,大江当歌吟,草滩做床眠,雪山峡谷只等闲。茶为媒,各族携手,道为媒,睦邻安邦,茶马精神映千秋,南下两洋,香飘海外,普洱神奇,强体消食,陈则愈香,能饮之古董,延年益寿之宝也。东闯港澳,搭火车,乘海轮,直抵美英法意俄日韩,不输咖啡,不让美酒,国饮海外美名扬。然道有起始。府之治地普洱,日有千百马帮购得普茶,以此为发端,北上南下西走东闯,渭古道之源头,名实相副,岂为过哉!

噫嘻!普洱神韵,千古之杰作也!古道精神,千古之绝唱也!茶道双璧,天设地造,千古之奇迹矣!

夫普洱府,继往开来,蔚为大观,普茶之源、古道之始是也。其为普茶之兴,古道之成,促民族融合、文化兴盛、经济繁荣,功德无量,善莫大焉。为彰显其历史地位以昭示后人,特立'茶之源,道之始'碑。"

第二块碑,为纪念茶源广场的建立,普洱哈尼族彝族自治县政府还立了一块"普洱府城图和普洱府赋"碑,正面是普洱府城图,背面是《普洱府赋》。此碑与"茶马古道零公里碑"并排而立,其正面是清道光年间普洱府城图。普洱府城图中有各种官衙署、庙宇亭塔、会馆公馆、城墙学舍等建筑 70 余处,并有四道城门,东称"朝阳"、南称"怀远"、西称"宣威"、北称"拱极"。普洱府城图背面是宁洱人郑孟骊、张世雄撰，魏文乾书写的《普洱府赋》，全文如下：

普洱府城图（罗涛 摄）

"普洱府郡，南疆名邦。江河纵横，崇山连绵。林深树茂，蔽日隐天。哀牢古地，远溯两汉。濮越诸族，生息繁衍。唐建制隶南诏，明万历始定名。雍正设府，改土归流，开疆拓边，统摄一方，乾隆置道，筑垣建楼，文治武备，雄镇迤南。内通八方之衢，外连三国之壤。品物流形，八景钟自然之美，云行雨施，四时尽和煦阳春。货殖兴，商贾云集，百业旺，移民纷至。地沃

普洱府赋碑（罗涛 摄）

物厚，人文昌盛。兴教化于宏远，建传经布道之圣地，创学堂在清末，开一省新学之先河，凤鸣朝阳。二十六民族歃血为盟，勒石立碑，传为佳话，百废待兴，再铸辉煌。茶盐双璧，尤以茶名。神农尝而泽世，陆圣考而载经。传武侯遗种，实天道酬勤。深山茶王有据可证，困鹿古茶源远流长。采天地灵气，得日月精华，茶种独特，制工精湛，祛疾健体，见诸本草，饮中珍品，味酽陈香。民仰为生计，贾居为奇货。瑞贡京师，五洲享誉。茶以地得名，地因茶名扬。曹霑宏文，怡红公子解酒。托翁巨著，俄国名流时尚。马驮车载，远传八方。诗画歌舞，以茶入题，为礼为货，中外古今。坐雅室，细品论道，围火塘，大碗结缘。大雅大俗，自成文化，积淀千年，厚重神秘。沧海桑田，茶魂犹在；薪火传承，代代有续。发微探幽，开来继往；正本清源，月异日新。茶马古道，精神永存。文笔宝塔，天济文昌。茶源广场，名茶之窗。绿海茶都，明珠璀璨。国泰茶兴，茶兴民富，民富国安，地久天长。逝者已已，来日可期。壮哉！南国嘉木，天下普洱，与天不老，与国同昌。邑人郑孟骊、张世雄撰于乙酉年夏。"

　　后来在茶源广场陆续增加了几块碑刻。

　　第三块是"普洱茶源"石碑。

"普洱茶源"碑（罗涛 摄）

"百年贡茶回归普洱纪念碑"（罗涛 摄）

2004 年 11 月，思茅市政协邀请全国政协原主席李瑞环题写"普洱茶源"，并把题词赠予普洱县（2007 年更名为宁洱县）。宁洱县选一巨石将"普洱茶源"四字刻于石上以示纪念，2009 年 6 月立于县城茶源广场。"普洱茶源"碑背靠普洱山，向世人昭示普洱是普洱茶的得名地，宁洱是普洱茶的核心原产地，是茶源广场上重要的普洱茶文化元素之一。

第四块是"百年贡茶回归普洱纪念碑"。宁洱哈尼族彝族自治县人民政府 2010 年 4 月 6 日立的"百年贡茶回归普洱纪念碑"，背面是贡茶回归的文字介绍。贡茶回归纪念碑坐落于宁洱县城茶源广场北侧，碑身长和宽均为 3.6 米，高 4.6 米，与"茶马古道零公里"碑相望。此碑是为纪念 2007 年 4 月 6 日"万寿龙团"回归普洱而立。碑顶有一金瓜贡茶，下书"百年贡茶"，碑正面题"百年贡茶回归普洱纪念碑"；背面书"万寿龙团"，下刻《百年贡茶回归普洱纪念碑记》；左、右两侧为普洱贡茶进京路线和回归路线。

碑文：

"时至公元二零零七年三月，深藏故官之百年普洱贡茶万寿龙团荣归故里。世纪盛典，举世瞩目。十二日，迎茶车驾于思茅起程，出滇黔，过湘鄂，经冀抵京。十九日，万寿龙团出紫禁城，沿沪浙闽，达粤桂，至黔滇。四月六日归普洱，八日临思茅。圣茶之归途，历时二十八天，行程二万余里，逾十一省。北京故宫銮仪盛大，马连道瞻礼空前，上海展示，佛山敬赏，昆明巡游。贡茶到处，万人空巷，赞誉不绝。

四月六日，古府之地普洱县城，风和日丽，天降祥瑞。各民族盛装出迎，哈尼摩批携吉祥白鹇，以先祖送贡茶之礼仪，于古府城东朝阳门址恭候百年前入宫之贡茶。

长号铓鼓雄浑相迎，笙歌乐舞翩跹徐行。万寿龙团经城北拱极门，越文昌宫，顺凤新街而下，出南怀远门，至茶源广场。午三时，举郡党政军民万余人列队于"茶马古道零公里碑"前，时任县委书记和茶农代表揭盖，县长洋溢致辞，抒贡乡心声，万寿龙团展绝世容颜。

普洱贡茶万寿龙团，于光绪年间普洱茶局监制，采普洱山贡茶区之灵芽，董理贡茶坊严格工序精制，重二千五百克，团如龙珠，圆如满月，为茶中至尊，皇室至爱。同归七子饼一提，茶膏一匣，均逾百年，皆圆润如初，芳香如故。天下茶品，能如是者，舍君其谁？今贡茶回归，寻根溯源，千古幽思，油然而生。普洱故郡，贡茶之乡，人文古府，龙团作凭。王者归来，风采卓然，众望所期，故里幸甚！诗以咏，文为记，谨勒石立碑，亿万斯年。二〇一〇年四月六日。"

第五块是"茶马古道源头零公里标识"碑。云南省测绘地理信息局和宁洱哈尼族彝族自治县共同于 2015 年 6 月 27 日立的"茶马古道源头零公里标识"碑，背面是"茶马古道介绍"。

"茶马古道源头零公里标识"碑（罗涛 摄）

这块碑明确地标出了茶马古道零公里的经纬度，为东经 101° 02′，北纬 23° 03′。

这些碑刻足以表明茶源广场的重要性，既体现了普洱府的历史，也体现了普洱茶悠久的文化和现实的意义。

茶源广场留下了一笔笔浓墨重彩的历史印记，让后人了解了从古至今普洱茶所走过的道路和曾经的辉煌！也激励着人们发扬一往无前的马帮精神，去创造更美好的明天！

2022 年拍摄的茶源广场（许时斌 摄）

2022 年拍摄的茶源广场（罗涛 摄）

第四节　困鹿山茶在 2006 中国（广州）国际茶业博览会荣获金奖

2006 年 11 月 23—29 日，在广州琶洲召开了 2006 中国（广州）国际茶业博览会，困鹿山茶场送展的困鹿山茶荣获金奖。

此次博览会，困鹿山茶场按照组委会的要求，送了 2 千克困鹿山茶（秋茶），经过比赛，困鹿山茶荣获金奖。颁奖词是："云南省普洱县困鹿山茶场：贵单位选送的云南大叶种古乔木晒青毛茶在 2006 中国（广州）国际茶业博览会中荣获全国名优茶质量竞赛金奖。"之后，按照组委会的安排，拿出了 1 千克茶叶进行拍卖，拍卖得 5000 元，全部捐赠给广州慈善机构。

2006 中国（广州）国际茶业博览会会场设在琶洲，会场大门十分气派，一进入会场，浓浓的气氛立即包围你。大门左侧是勐海茶厂的展位，占地面积很大，布置得也很热闹，关键是，在这次博览会召开之前，勐海茶厂已经停止给所有经销商供货，需要货的都得到博览会排队取货，所以每天展会一开门，勐海茶厂的展位前就会排起长长的队

困鹿山茶在 2006 年中国（广州）国际茶业
博览会荣获金奖的奖杯及证书

作者在广州宣传困鹿山并为读者签名

伍，像一条长龙一直延伸到大门外。勐海茶厂的品茶区同样人头攒动，几乎座无虚席。

和勐海茶厂展位并排在一起，位于会场主道右侧的是困鹿山茶场的展位。展位不大，倒也显得有特色。一幅"村子在茶林中、茶林在村子中"的困鹿山全景图作为背景，用文字对困鹿山及困鹿山茶场作了简介。展位里现场压制普洱七子饼茶，白色的蒸汽伴随着困鹿山茶浓浓的香气，飘飘渺渺，不断地在会场里弥漫开来，那香气、那氛围同样吸引着不少展商和顾客，尤其受到广州茶人的青睐。李兴昌老师和他的侄子小李在展位里忙来忙去，一会儿蒸茶，一会儿压茶。潘总和林总忙着接待客人，做着介绍。

在这次国际茶业博览会期间，本书作者受困鹿山茶场潘广新董事长的邀请，赶到广州参加了此次盛会。邀请作者去的目的主要是签名售书。许多茶友翻开郑立学著的《探秘普洱茶乡》一书，与作者分享和讨论《普洱贡茶和困鹿山皇家古茶园》一文，都表示一定要来看看。

此次中国(广州)国际茶业博览会结束后，潘总带着郑立学、李兴昌、罗书琪、郑钧蓉一行4人，游览了广州、顺德、东莞、中山、虎门、深圳等地，考察了当地的茶叶市场。

此次收获的不仅仅是金奖，还有友谊和知识，也不仅仅停留在这个层面，同时还开阔了眼界，提升了格局。

困鹿山茶得了金奖，标志着困鹿山茶已经开始走出大山，迈向了国内和国际市场。

作者和李兴昌在广州国际茶业博览会上合影

第五节　中外名人祭拜认养困鹿山古茶树活动始末

2007 年，第八届中国普洱茶节有一个重要的活动，即"中外名人祭拜认养困鹿山古茶树"活动，这是 100 个名人认养 100 棵古茶树品 100 款普洱茶，简称"三百茶会"的其中一项。春节一过，第八届普洱茶节组委会就下文从各个单位抽调工作人员，我被抽调到"三百茶会"组委会，具体负责名人祭拜认养古茶树这一活动。

为了搞好这一活动，茶节组委会通知普洱市所属 10 县（区）茶办，每个县（区）要提供 10 棵古茶树的资料，包括照片，这样刚好 100 棵。所有材料报到"三百茶会"办公室（当年的茶节组委会统一在人民路的中国移动办公楼办公），由抽调到"三百茶会"办公室的财校刀剑和农校的毛卫京等几位老师汇总，然后交给我，由我和财校的刀剑老师具体落实。

为了落实这 100 棵古茶树分布的山头资源地理情况，我和刀剑老师第一个行程是到景谷县，在景谷县茶办人员陪同下，我们来到小景谷的苦竹山，报上来的材料称这是景谷一号大茶树。到了苦竹山，找到了主人李兴昌，带着我们到了他家的茶园里，这里

中外名人祭拜认养困鹿山古茶树活动现场

海拔 1940 米，树确实够大的，高 9.6 米，树幅 7.5 米 × 7.3 米，基部干围 147 厘米，最低分枝高度 1.1 米。问题是，当年从小景谷到苦竹山的路太难走了，全部是泥巴路，一旦下雨，根本上不去也下不来。我们接着到了镇沅县，和茶办的同志了解了情况，镇沅县提供的 10 棵古茶树分布在哀牢山和无量山，距离更远路也难走。走访了 2 个县，我和刀剑老师商量，必须尽快回去汇报，原来的分散认养的方案实施起来太难，100 个名人认养分布在普洱市 9 县 1 区的 100 棵古茶树，在吃、住、行及安全保卫上都存在问题。

我们回去汇报后，组委会希望我们提出一个方案，于是我根据了解掌握的情况，提出这次的分散认养活动改为集体认养，地点就在困鹿山。

方案确定后，负责"三百茶会"的李文秋主席和我立即赶到普洱县（即现在的宁洱县）给县委书记杨亚林和县长饶明勇汇报，宁洱县委、县政府十分支持，立即召开了有县委办、政府办、宣传部、县茶办、县旅游局等部门参加的办公会议，作出了具体的安排部署，指定人员分工负责。我代表"三百茶会"组委会一个人留在普洱，和有关方面的同志就认养的具体问题一个一个进行落实和推进，例如祭拜认养茶王树的确定，祭拜会场的布置，还有祭拜队伍和唢呐队的安排等，好在普洱方面不缺乏这方面的人才，一切准备工作有条不紊地进行着，一步一步地到位了。那段期间，我们平均每 2 天就会上一次困鹿山。最后还和 18 户茶农签订了认养协议。

中外名人进入困鹿山古茶树活动现场

2007 年 4 月 10 日，这一天中外名人祭拜认养困鹿山古茶树活动如期举行。参加第八届中国普洱茶节"三百系列活动"祭拜认养困鹿山古茶树的名人有：联合国科教文组织文化遗产保护官员杜晓帆、副部级孙长荣、世界茶文化交流协会会长王曼源、韩国中国茶文化学会会长韩国茶礼院院长首届茶马奖得主姜育发、著名歌唱家马玉涛、著名影视演员温玉娟、著名词曲作家将军王祖皆、美国伊利恩公司总裁威廉姆、世界茶文化交流协会副会长兼秘书长李世平、世界茶文化交流协会副会长香港泉盛贸易公司总经理首届茶马奖得主白水清、思茅市文物管理所原所长研究员普洱茶文化奠基者首届茶马奖得主黄桂枢、香港惜壶茶舍总经理首届茶马奖得主何景成、台湾普茶庄总经理首届茶马奖得主石昆牧、巴黎世界遗产保护研究中心主任骆奇、云南茶叶商会会长马顺友、《现代小说》杂志社主编凌翼、《中华遗产》杂志总经理杜晓东、云南省民族经济研究会会长茶叶产业研究中心主任和丽光、著名作曲家张卓娅、上海著名画家施国敦、云南省爱国主义教育基地著名画家步雨青、云南农业大学教授张芳赐、云南农业大学教授沈柏华、杭州中国茶叶检测中心原主任骆少君、原思茅茶树良种场高级农艺师肖时英、马来西亚茶知己茶艺中心茶艺顾问林平祥、广东省茶叶行业协会副会长苏新荣、思茅籍著名歌手扎约、昆明今雨轩经贸有限公司董事长董碧莲、广东茶叶进出口有限公司董事长穆有为等，此外，还有国家级评茶师广州困鹿茶行董事长潘广新、国家级评茶师广州困鹿茶行总经理林广彦；出席这次活动的市（县）领导有普洱

中外名人祭拜认养困鹿山古茶树

市人大副主任罗维祥、宁洱县委书记杨亚林、宁洱县县长饶明勇、宁洱县人大主任黄健、宁洱县政协主席杨发春等人。可惜的是，已通过组委会承诺认养困鹿山古茶树的著名影视艺术家唐国强等人未能亲自来困鹿山，留下了一个遗憾。但唐国强和夫人赶来参加了在思茅举办的第八届普洱茶节"三百品茗"茶会。

参加祭拜认养古茶树的中外来宾一下车，身着节日盛装的哈尼族姑娘热情地给近百位名人、领导和来宾献上了象征吉祥和幸福的哈尼香包。当名人、领导和来宾们穿过用翠绿的松毛扎制，悬挂着"困鹿皇茶香飘神州传美誉、名人盛会寻根宁洱祭茶王"的迎宾门，踏上铺着绒绒松毛的进村路，40只唢呐齐鸣，奏响了传统的哈尼迎宾调。进了村子，20位哈尼姑娘献上了道地的困鹿山竹筒茶。那种欢乐，那份热忱，让来宾们感动不已。黄桂枢情不自禁挥毫书写了"困鹿茶香飘四海"一幅大字。

当主持人宣布第八届中国普洱茶节名人祭拜认养困鹿山古茶树活动开始，40位哈尼族汉子在粗壮成片的古茶树林下高高扬起了40只长号。那荡气回肠"呜呜呜……"的声音，激荡着茶林，激荡着村落，激荡着群山，回应着历史，召唤着未来。

宁洱县县长饶明勇主持了"第八届中国普洱茶节名人祭拜认养困鹿山古茶树"活动仪式，宁洱县县委书记杨亚林发表了热情洋溢的欢迎辞。

祭拜认养古茶树活动沿袭了传统的哈尼族祭茶大典仪式。首先，在70多岁的哈尼"阿布母仳"的带领下，村民们摆上了祭祀用品，用猪、牛、鸡、羊作为祭拜茶王树的

中外名人祭拜认养困鹿山古茶树活动仪式

身着盛装的哈尼族祭竜人员与中外佳宾挥手告别

祷告之礼，摆上酒，插上香，请来"阿布母伅"祷告。"阿布母伅"拿着大红公鸡到树下烧香祭拜，在树下立石，铺开红布，摆上酒、米、香烟等祭物。祭祀时，哈尼"阿布母伅"穿上祭祀盛典的服装，戴上包头，对着茶王树念念有词，然后对着茶王树跪拜祈祷。今天的祭祀活动既保留着古老的传统又赋予新意。祭祀结束时，"阿布母伅"带领着祭茶的哈尼人绕茶王树一圈后，走向来宾，把手中的茶、米撒向大地和尊贵的客人，表示哈尼人的祈愿和祝福。那意思是：茶王树啊！请您保佑哈尼人吧！保佑年年风调雨顺，让大地长出许许多多的茶树，让茶树每年发出茂密的新叶，让子子孙孙都能用上祖先为我们种下的茶树，过上吉祥平安的日子；也请远方的贵客，给我们带来祝福，让"皇家古茶园"的茶树，一年比一年更好，让哈尼人的日子像吉祥的白鹇鸟，给我们带来幸福、丰收，祈求茶神保佑哈尼人五谷丰登、六畜兴旺。

从神圣的祭祀里，我们分明感受到了当地哈尼族对"茶王树"的恭敬，对大自然的敬畏，那是千百年来流动在他们血液里的情感，那是一种发自心灵深处的真诚信仰。

传统的哈尼祭茶仪式结束后，普洱市文联主席、普洱茶文化研究会会长李文秋朗朗宣读了"三百茶会"困鹿山名人祭拜认养古茶树颂辞：

"盘古开天，山动水涌；混沌世界，万物初明。芸芸众生，追名逐利，恶疾肆虐，身不由己。天行刚健，厚德载物，润泽沧江，地现坤仪。困鹿山谷，佛光雨露，收水无量，采气衰牢，聚精濮日，四方仙境。乡土和谐，风云秀丽，山川俊美，草香林密。嘉木根盘，枝满叶舞，遮天蔽雨，芽翠壮形。晨雾采摘，午晒正阳，夜晾揉捻，磨压饼砖。笋包框篮，马驮边藏。紫气东来，民顺国昌，京都贡茶，困鹿开山。千年古树，奉魂献灵，纳新吐故，去尘扫染。人与自然，山水轮换，有生有灭，星移斗转。根置神座，枝连仙掌，干立圣位，芽现祖光。为尊为上，祭拜认养。"

联合国科教文组织文化遗产保护官员杜晓帆，代表参加祭拜认养困鹿山古茶树活动的名人发表了爱助古茶的讲话，接着挂认养牌，之后参加祭拜认养困鹿山古茶树活动的名人、来宾依次上敬水祭茶王树。

在宁静而深远的群山里，在丽日蓝天映衬下的古茶园中，整个活动显得庄严神圣，充满了一种神秘而令人遐思的意境。

说来也怪，第八届中国普洱茶节名人祭拜认养困鹿山古茶树活动这天的气候正应了一个天意。10日凌晨，大雨连绵，出发时小雨淅沥，人一上山天即放晴；祭拜时，在哈尼"阿布母仳"对着茶王树念念有词的祈祷声里，天上的少许几片乌云也逐渐消逝，天空湛蓝湛蓝的，阳光灿灿地照着，被春雨洗过的古茶树苍翠欲滴；当祭拜认养活动结束，名人、来宾逐渐离去，天又慢慢阴了起来。我作为组委会派去参与、组织、策划这次活动的其中一个组织者，最后检查一遍离开时，天下起了雨，似乎是给憋足了劲的古茶树浇上了贵如油的春雨，准备大发一波，把更多的皇家古茶园的春茶带给世人滋润天下。

活动中，我拍摄了一组中外名人祭拜、认养困鹿山古茶树活动的照片；活动结束后，我接着写作了《中外名人祭拜认养困鹿山古茶树活动纪实》的文章，此文配上照片，图文并茂地刊载于2007第三期《普洱》杂志，还登载在《普洱日报》中，随后收入云南科技出版社出版的《人文普洱》一书。当年拍摄的祭拜、认养困鹿山茶树王的照片，在2017年，被"第十二届中国云南普洱茶国际博览会"选为"大美彩云南·世界茶之源"明信片的封面。

第六节　挑着困鹿山金瓜贡茶"进北京迎奥运"
与"百年贡茶回归普洱"

　　2007 年，在中国发生了两件与金瓜贡茶（百濮龙团）有关的大事，一件是宁洱县哈尼族男子白荣华单人徒步挑着困鹿山金瓜贡茶"进北京迎奥运"；另一件事，是普洱市政府在 2007 年第八届普洱茶节期间组织的"百年贡茶回归普洱"活动。这两件事共同点是都与普洱金瓜贡茶有关，不同点是前一件是民间组织的，由困鹿山茶场赞助，白荣华一个人徒步进行的，自然低调了许多；而后一件"百年贡茶回归故里"的活动是第八届中国普洱茶节系列活动之一，是由政府组织的，大张旗鼓，排场浩大，舆论沸腾，热闹非凡。这两件普洱茶事，一进一出，一个南下一个北上，连接着北京和普洱，意义非凡。

白荣华，云南省宁洱县人，哈尼族，普洱茶文化传播使者

欢迎白荣华同志"挑担茶叶上北京"凯旋归来座谈会

此组图片由白荣华提供

　　白荣华单人徒步挑着金瓜贡茶"进北京迎奥运"是从 2007 年 3 月 27 日开始的，他挑着茶叶从普洱府所在地，即白荣华的家乡宁洱县的茶源广场出发，沿着当年普洱进京官马大道的主要线路走向，肩挑普洱茶，徒步进京，走了 198 天，行程 4300 千米，途径 8 个省（区、市），10 月 10 日抵达北京。哈尼族男子白荣华单人徒步挑着困鹿山金瓜贡茶"进北京迎奥运"的活动，既表达了边疆人民积极参与奥运会的情怀，又收到了沿途展示普洱困鹿山金瓜贡茶的宣传效果。

2007 年 10 月 8 日，资助白荣华进京活动的赞助商潘广新和李兴昌乘飞机到北京迎接白荣华，9 日，李兴昌到卢沟桥与白荣华会合，10 日一早，俩人一起步行轮换挑着茶叶进北京，李兴昌也过了一把挑担茶叶上北京的瘾。历时 198 天，单人徒步挑着困鹿山金瓜贡茶"进北京迎奥运"活动终于安全抵达终点北京。10 日当晚，白荣华、李兴昌出席了由凤凰卫视在北京丽都花园举行的义卖捐助云南丽江儿童复明活动，成功义卖一个困鹿山金瓜贡茶，并将义卖的 11000 元人民币全部捐赠给了义卖举办方，转交云南丽江儿童复明组织机构。11 日上午，北京马连道茶叶协会在北京马连道举行了欢迎仪式，并举行奥运圣火进茶城活动，白荣华也参与火炬手队列，在北京马连道茶城幸福地与市民们度过了一个欢乐祥和的上午。白荣华下午应邀到《中国食品报》社，接受《中国食品报》记者采访。12 日，再次应邀接受中央电视台 CCTV—10 频道的视频采访报道。在北京期间，得到了北京友人彭丽、杨根柱等人的热情接待，游览了北京名胜古迹。

白荣华回到宁洱时，当地党政领导和群众专门到磨黑古镇高速路出口远道热情迎接，到了县城茶源广场，再次受到等候多时的干部群众夹道热烈欢迎。在茶源广场，白荣华的妻子杨老师，双眼噙着泪水，紧紧拥抱着离别 200 多天的丈夫，颤动着双唇，默默看着丈夫的脸庞，始终没有说出一句话来。此时此刻的心情，有多少人能理解其中的辛苦，白荣华出发才 2 个多月，宁洱县就发生了"6·3"大地震，家中的双亲老人和孩子，就靠她一个妇道人支撑着，为了让丈夫完成心愿，她没有拖白荣华的后腿，而是鼓励他继续前行，其间的酸甜苦辣只有她自己知道。

宁洱县政府专门为白荣华举行了表彰会，授予他"普洱茶文化传播使者"荣誉称号。2009 年，白荣华被选为宁洱县政协委员。

与白荣华单人徒步挑着困鹿山金瓜贡茶"进北京迎奥运"相比，同年，普洱市政府组织的"百年贡茶回归故里"活动，无论在舆论上还是场面上都截然不同。

"百年贡茶回归故里"的活动是第八届中国普洱茶节系列活动之一，即把百年以前，普洱府进贡皇宫的普洱金瓜贡茶从故宫恭迎回故里普洱市，这件事因为是政府组织的，可谓是大张旗鼓、盛况空前。首先，给恭迎回故里的金瓜贡茶买了高价的保费；其次，普洱市派出了庞大的恭迎队伍；第三，在离开故宫时举行了

"百年贡茶回归普洱"巡展车队在红旗会堂举行启程仪式（杨民杰 供图）

百年贡茶（杨民杰 供图）

百年贡茶上海瞻礼（杨民杰 供图）

隆重的仪式；第四，贡茶回归路线由北京到上海再到广州、昆明最后回到故里现今的普洱市，每到一个城市都举行了隆重的庆典活动，成千上万的人争相目睹普洱茶的"太上皇"。

2007 年 3 月 15 日上午，北京市宣武区人民政府、云南省普洱市人民政府和故宫博物院联合召开新闻发布会，正式宣布第八届中国普洱茶节暨百年贡茶回归普洱系列活动拉开帷幕。继两年前云南大马帮"驮茶"进京，在全国范围内掀起普洱茶热潮之后，同月 19 日，故宫博物院里一块有着 150 多年历史的百年普洱贡茶——万寿龙团，离开故宫在北京市宣武区的马连道展出，并开展系列活动，包括一个百年贡茶贡品展示，两个仪式，即百年贡茶盛迎仪式、百年贡茶启程仪式，三个主题活动，即普洱茶义卖、专家论坛、普洱茶品茗鉴赏会等主要内容。22 日，从北京市宣武区的马连道茶叶特色街踏上回乡之路。

此次百年贡茶回归普洱系列活动共分为北京、上海、广州、昆明、普洱五大板块，由 60 多人和 6 辆车组成的盛迎队伍护送着这块百年普洱贡茶，依次跨越北京、河北、山

"百年贡茶回归故里"经过碧溪古镇（杨民杰 供图）

东、江苏、浙江、福建、广东、贵州、云南等9个省（区、市），行程近万里，最后到达普洱茶的故乡——云南省普洱市进行展出。

　　产于清光绪年间重约2.5千克、在故宫中珍藏了百余年、被专家誉为普洱茶珍品的"万寿龙团贡茶"，于2007年3月19日离开北京故宫，22日从马连道出发，途经9个省、区、市，历时21天，于4月6日抵达宁洱，4月8日抵达思茅，由2名少女抬着"百年贡茶万寿龙团"在盛迎队伍的护送下，终于返回到普洱茶的故乡，云南省普洱市举行了盛大仪式恭迎百年贡茶回归普洱。

　　为纪念这一盛大活动，宁洱哈尼族彝族自治县人民政府于2010年4月6日立下了"百年贡茶回归普洱纪念碑"。

"百年贡茶回归普洱"车队驰过宁洱县春场街

"百年贡茶回归普洱"茶源广场举行了隆重的欢迎仪式

2007年4月6日，贡茶回归至普洱府址宁洱县茶源广场

第七节　走进困鹿山的马来西亚茶商

　　2010 年春天的一个下午，我在普洱市人民西路一个茶店里和朋友喝茶聊天，走进来几个客人，客人彬彬有礼，讲着不太流利的普通话，一举一动，十分得体，无不透露着一种深藏在骨子里的文化教养。寒暄，应酬，就座，喝茶。朋友向我介绍说，这是马来西亚的几个客人，原先在马来西亚从事建筑业，后来到马尔代夫搞旅游开发，现在对普洱茶很感兴趣。他对马来西亚的几个客人介绍说，我原来在林业部门工作，喜欢摄影写作，退休后研究普洱茶文化，对普洱、西双版纳以及临沧等地的古茶山都很熟悉。

　　边喝茶边聊天，我们谈普洱、谈古茶山、谈海内外趣闻轶事等，海阔天空，无所不谈，十分投缘，分手时，马来西亚的客人邀请我第二天下午共进晚餐，再叙普洱。

　　第二天下午，我们如约相聚，我把我写的《探秘普洱茶乡》一书签字赠送。就这样，我认识了一个认为普洱茶是个宝而痴迷普洱的马来西亚人马贵明。马贵明，祖籍广东，到马来西亚已是第二代华人，吃了许许多多苦头，经历了许许多多坎坷，在建筑行业一步一步做起来。开发马尔代夫不仅让马氏家族变得殷实富裕，而且开阔了视野

马来西亚茶商在困鹿山与茶农交谈

和思维，于是，马董和他的家族把眼光投到了旅游业炙手可热、方兴未艾的西双版纳，他们希望在那里寻找到一条新的开发旅游热线，可是几次考察谈判都未能如愿。可喜的是，数次旅途中，马董喝到了普洱茶，并痴迷上了普洱茶。他对我说，他原来血脂高、血压高、尿酸高，患有严重的痛风，这几年喝了普洱茶，几个指标都降了，复原了，身体各个部位都很正常。他的弟弟马贵华也患有严重的痛风，也如是说。马贵明说，尤其是几次跑茶山，看到生态如此良好的普洱茶，他认为喝什么饮料都不如喝普洱茶了。他说，普洱茶是个宝，应该让全世界的人都来分享。

马董提出一个请求，一定要我带他们去走访普洱古茶山，去大山里、去森林里寻找真正的宝。于是我们开始了一次又一次的古茶山之旅。

2011年4月17—19日，我们一行5人从普洱市思茅区出发，第一站经景洪市、勐海县到老班章，第二站从老班章到易武，每到一地都深入茶农家，都到古茶山去考察了解。到易武茶区我们去易武老街拜访了资深的茶农，到落水洞朝拜了大茶树，到麻黑品了茶。19日下午，我对马董说，今天晚上我必须赶回思茅，因为我被抽调到第十一届普洱茶节组委会，20日上午要到机场接客人。这届茶节，从全国各地邀请了100个摄影家、100个画家、100个书法家齐聚普洱采风创作，共商绿色发展大计，我被安排在思茅江城摄影家这个组担任组长，21日有一个启动仪式。马董十分能理解，吩咐驾驶员连夜赶回思茅。分手时马董说，郑老师你忙你的，我们先回马来西亚，等你忙过了，我们再过来。

茶节所有活动一结束，我立即通知马董。马董一行从马来西亚飞过来，5月1日，我们又开始了古茶山考察之旅。这次考察了解普洱市的古茶山，重点是景东县的老仓古茶山、镇沅县的老乌山古茶山、景谷县的苦竹山古茶山、宁洱县的困鹿山古茶山。

有趣的是，从景谷到宁洱困鹿山的路上，当时为了走近路，我选择了从正兴镇过铁厂河，经宁洱的西萨上

2012年1月11日，马来西亚茶商考察困鹿山

马来西亚茶商马氏兄弟

宽宏村，再到困鹿古茶山的路线。可是，走到铁厂村才发现，因为修路，通往西萨的道路已封闭，我们只好调头往回走。为了抄近路，我建议从小正兴走，然后到小黑江一号桥，这中间有十几千米的林区便道。十几千米的便道，仅仅遇上了一辆车，道路狭窄，车速很慢，会车时，对方驾驶员停下来，叫了一声郑老师，寒暄后，我们继续前进，在车上，马董说了一句，怎么到哪里都有你的熟人。然后，马董提了一个建议，他说等上了困鹿山，任何人都不许叫我，我也不能和村民打招呼，他要作一个测试。

到困鹿山了，我们一起走进村边的屋子，主人热情地招呼我们坐下并端上了茶水。马董这时指指我，问屋里的几个村民说："你们知道他是谁？"几个村民说，好像是郑老师嘛。马董开心地笑了。

返回思茅后，马董就要回马来西亚了。临走，他对我说："你喜欢玩相机，这次回马来西亚过香港时，买一个相机送给你。"2012年新年一过，1月11日，马董打电话问我在哪里，我说在宁洱。他叫我在宁洱等着，他们马上从思茅上来，然后一起上困鹿山。一见面，马董说："这是送给你的相机尼康D3X。"我知道这背后神秘的角色还是普洱茶，马董为了茶，不怕千山万水跑到普洱，也不惜重金求一个普洱茶的好向导。

从困鹿山回来的路上，马董提出今年希望我搞1吨老屋旁的困鹿山茶。虽有了几次长谈和相处，我们已经变成了朋友，但我还是不顾情面地拒绝了。我说困鹿山茶分为核心产区即中心片区，还有东片区、南片区、西片区、北片区。中心片区老屋旁的茶，每年春茶、夏茶、秋茶加一起也不过1吨多，客商、茶人、游人还有茶农的亲朋好友，各方面都得照顾，实际情况是搞不到的。如果我拍拍胸脯保证为你搞1吨老屋旁的困鹿山茶，那是骗你的。

马董听了，认为我说得对，那就尽量搞吧！于是从2012年起，每年春茶未发前，我们都选定几户茶农，提前把钱打入茶农家，首先把茶农家的茶包了，再由茶农帮采购其他家的茶，这样下来每年可以采购100千克左右的困鹿山晒青毛茶，价位从每千克1300元左右涨到2000多元。2015年涨到3000多元后，就没有和茶农定制采购了。

马董和我走访古茶山的脚步一直没有停歇。考察古茶山马董总是亲力亲为，因为时间或者身体的关系去不了，他也要安排工作人员前往。几年来，他几乎走遍了普洱、临沧和西双版纳的大多数古茶山，自然品到了不少普洱好茶，收藏了不少名山古树茶，包括困鹿山、老班章、易武、无量山的老仓、哀牢山的九甲、景迈、邦崴等。

马董给我讲起，一次在马来西亚吉隆坡家里邀约几个朋友喝茶，几个朋友喝完茶，驱车回到家，还打电话告诉他说，现在喝的普洱茶与过去喝到的不一样，回到家，口里还是甜甜的，满嘴生津回甘。马董对他的朋友说："这是我的中国朋友郑老师为我们寻找的普洱茶。"

听了，让我十分欣慰。

马来西亚茶商走进古茶园

第八节　龙井御茶园与困鹿山皇家古茶园

普洱茶和龙井茶不仅在皇宫享有贡茶的极高地位，在民间也享有很高的声誉。柴萼在其明末清初的野史《梵天庐丛录》中写道："普洱茶产云南普洱山，性温味厚……品茶者谓普洱之比龙井，犹少陵之比渊明，识者韪之。"

老舍先生曾问末代皇帝溥仪，你当皇上时喝什么茶？溥仪告知："清宫生活习惯，夏喝龙井，冬喝普洱，拥有普洱茶是皇室地位的标志，皇帝每年都不放过品茗普洱头贡茶的良机"。

一句"夏喝龙井，冬喝普洱"在清宫流传很广的话，早就把普洱和龙井这两款茶联系到了一起。

2017 年 8 月 18 日上午，杭州西湖龙井茶核心产区商会一行 18 位嘉宾，从思茅出发冒雨上山，到困鹿山皇家古茶园进行考察，演绎了龙井和普洱的前世今生。

杭州西湖龙井茶核心产区商会一行 18 位嘉宾这次到普洱茶产区考察，是因为看到这几年普洱茶发展的势头太猛，所以想过来详细考察了解一下。带队的是杭州西湖风景区管理局的赵副局长，他主管西湖龙井贡牌茶叶的生产，我俩是在参加 2013 年陕西西安国际茶博览会时认识的，他联系了我。他说因不是政府行为就不联

西湖龙井核心产区商会考察团在澜沧古茶品鉴中心举行座谈会

西湖龙井核心产区商会考察团考察困鹿山

系地方政府，也不联系企业了，委托我安排了整个行程并陪同考察。这次上困鹿山皇家古茶园考察的杭州西湖龙井茶核心产区商会一行18位嘉宾，其中，有原龙井村书记、小罐茶龙井制茶大师戚国伟、西湖风景区有关负责人、龙井村资深茶人等。这样一件大事，我考虑了一下，还是向市政府有关领导和有关部门进行了汇报。在木乃河工业园区澜沧古茶公司召开座谈会时，普洱市茶咖局的领导出席了座谈会，"首届全球普洱茶十大杰出人物"黄桂枢先生参加了座谈会并作了发言。

　　杭州西湖龙井茶核心产区商会18位嘉宾到困鹿山的这天是18日，两个吉利数字，不知是机缘巧合还是天意，出发时还下着雨，抵达时完全晴了，天空湛蓝，阳光灿烂。龙井村老书记和戚国伟邀请我一起在"困鹿山古茶园"碑前合了影。戚国伟和我是老庚，但他腿脚最近不太方便，只在高处观看了古茶园。其他人则早已钻进古茶林里拍照参观了。龙井村的人边参观边开玩笑说，他们这次来了18个人，代表了当年乾隆皇帝在龙井村狮峰山下钦定的御茶园里的18棵古茶树。如今，当龙井御茶园和普洱皇家古茶园走到一起，会碰撞出怎样绚丽的火花，会发生什么美丽的故事呢？有人说了一句话，龙井就像江南的大家闺秀，而普洱则是大山里的粗旷帅哥。大家一听都会心地笑了。有人说，比喻很恰当。我听了，幽默了一句："我们山里的帅哥就喜欢江南的大家闺秀。"大家笑得更欢了，古茶林里荡漾起爽朗的笑声。

西湖龙井核心产区商会考察团考察那柯里茶马古道

从困鹿山下来，我们驱车到了茶马古道的重要驿站——那柯里，晚饭安排在荣发马店。在那柯里，我给考察团介绍了茶马古道的历史，讲述了美丽乡村那柯里。

晚饭时，李天林陪着杭州西湖龙井核心产区的18位茶人，喝着普洱茶，聊起了茶马古道以及那柯里还有他当年被老虎抓坏了一只眼睛的故事。

昔日的茶马古道，在"一带一路"中仍然发挥着纽带和桥头堡的作用。过去清宫里"夏喝龙井，冬喝普洱"的故事，也在茶马古道的驿铃声中演绎着现代版的情节，而龙井和普洱这样的中国茶，必将在"一带一路"的国际交往中，发挥更大的作用。

杭州西湖龙井茶核心产区商会一行18位嘉宾这次到普洱，短短的几天时间里，考察了普洱茶叶交易市场，到澜沧古茶公司木乃河品鉴中心举办了座谈会并品鉴了普洱茶，参观了中华普洱茶博览苑，踏访了困鹿山皇家古茶园和那柯里茶马驿站，收获满满，感慨颇多。

西湖龙井核心产区商会考察团参观中华普洱茶博览苑

西湖龙井核心产区商会考察团参观中华普洱茶博览苑时合影

困鹿山樱花 （陈发坤 摄）

第六章

困鹿山人文轶事

第一节　李铭仁与困鹿山古茶园

困鹿山名称的来历，有一个具有人文历史的说法。据说，为了更好地管理和采摘这片茶园，宽宏人在山上盖了一间茅屋，古时称茅屋为庐，于是盖有茅屋的这片茶园大家就习惯地称为"宽庐"，即宽宏人盖有茅草屋的古茶园，后来，因为本地人发音的关系，"宽庐"慢慢演变成了困鹿。

在古茶园里盖茅草屋的主人，就是宽宏的大姓人家李铭仁的先祖。

明末清初，李铭仁的先祖李子芳从江西前往银生府故地景东县做官，李子芳酷爱茶叶并重儒学，他卸任后，迁到宽宏兴办儒学，在困鹿山以种茶繁衍生息。祖父李天禄，秀才，为清朝增生（秀才里边的二等增广生员即增生），生卒年月不详。祖父去世后，由李铭仁的父亲李鹄臣接手管理茶园养家。

李鹄臣继承祖业后，在自家的院子里，用一间厢房专门用来加工茶叶，即现在宽宏村委会（早年的宽宏百年老校）后边，长年雇请本村子的人员加工制茶，压制圆形的人头茶，也压制砖茶，当年为了圆形茶不致脱落，外面还会用米汤包裹一下。雇佣当地的马帮、牛帮或者人力运送茶叶，把困鹿山及周边的鲜叶驮运至宽宏茶坊加工，在宽宏加工好后，驮运至普洱府，也会驮运到磨黑进行交易或者换取盐巴。宽宏村过去一直保存着制砖茶的木模具，木模具已经很陈旧，呈黑色，边沿已出现枯朽，留下了很深的历史印痕。据《云南省茶叶进出口公司志》记载，大清朝廷在普洱府的宁洱地建立贡茶厂，制作的贡茶有多种形状，金瓜人头贡茶是上贡皇上的，蒸压成长、宽各 10.1 厘米，每片净重 250 克的砖茶是压制茶中的高档普洱贡茶，是上贡皇帝后赏赐给臣子之用的高贵礼物，也是身份和荣誉的信物。

1905 年，李铭仁和其父李鹄臣，还有原来居住宽宏后搬迁到谦岗的邓青云一同到景东参加清政府最后一次科举院试，李鹄臣考取武贡生，李铭仁考取文贡生，邓青云名列第一，科取恩贡，被传为佳话，称为"末代三贡爷"。

李鹄臣过世后，由李铭仁接手管理困鹿山茶园。李铭仁在兴办茶业的同时，十分注重文化建设，村子那所建于 1902 年的百年老校，就是李铭仁创办并长期主持的。1902 年，李铭仁带头捐 1825 块大洋，兴建了宽宏正兴义学。此后，宽宏小学书声琅琅、茶事不绝。

建校时的一幅藏头校训对联："宽厚为怀，学研新理；宏通致用，校定旧文。"体现了一种哲理和办学理念，折射出了厚重的历史和浓浓的文化气息。更有意思的是，这幅藏头对联，就是村名：宽宏。据《普洱哈尼族彝族自治县地名志》记载，"宽宏"之名来源于傣语，意为"较宽阔的洼塘"。其实在早期时，景谷、宁洱一带，很多都属于傣族居住的地方，虽然傣族往南边迁徙了，但这些傣语地名的称谓却一直流传下来，同时，流传下来的还有村子里一棵棵高大的榕树，榕树是傣族小乘佛教的标志性树种，也是构成傣族寨子自然环境的重要因素。

1912 年，李铭仁发出办新式学校的倡议，并率先捐出自家的一份田产和一些钱来动工建盖瓦房校舍。不料，先盖的两间厢房工程过半时，一些报名捐助的人却拿不出钱来践诺。李铭仁只得卖掉自家的骡马，把卖得的钱拿来了结工程款，办起了初等小学。后来又积极筹措资金，盖起了学校前面五格瓦房及大门，办起了高等小学，又筹资盖起正房，形成了五天井格局的四合院。

1922 年 3 月，李铭仁撰写了《宽宏学堂始末记》，记载了捐助姓名、收支情况等，并刻立于宽宏小学大门口的两块石碑上。

李铭仁因积劳成疾，哮喘病严重，医治无效，于 1929 年 1 月 4 日逝世，享年仅 54 岁。吊唁的人络绎不绝，送葬时，人群排了 1 里多长。李铭仁于 1930 年 12 月 18 日安葬于宽宏小学后山。

李铭仁死后，困鹿山古茶园和宽宏学校就由其子李育清管理。李育清（1901—1946 年），字夷风，李铭仁次子，人称二少爷，普洱道立普洱中学毕业。青年时期外出学习，曾就读黄埔军校，毕业后任国民革命军第三军（滇军）连长，参加了北伐战争，1926 年加入国民党，隶属中国国民党革命军第三军特别党部。北伐途中，"蒋、汪"先后叛变革命，李育清就参加了湖南"郴州暴动"，后到江西苏维埃红军大学学习，1927 年，任工农革命军第六纵队队长，后加入中国共产党，参加了八一南昌起义。

1929 年初，李育清回到家乡宽宏村料理父亲丧事，同时，受党组织安排回家进行革命活动，是普洱市"土地革命"时期入党的 18 位共产党员之一，排序在第九位。

困鹿山保存下来的压茶木制模具

李铭仁大墓

李育清回乡后，继承父业，一方面，努力管理好困鹿山和宽宏小学右侧下边的名叫小汤箐后面的古茶园（这片茶园，宽宏人称为邦耐山，分上茶园、下茶园，上茶园树龄与困鹿山核心区相近），还兴办实业，办铁厂铸造铁锅铁器；另一方面，热心教育事业，专心办好其父创办的宽宏两级小学，他一度被选为宽宏小学校长，不但自己出钱办学，还团结地方绅士，发动捐款，广招贤才来校任教。另外，他还带头捐款，修通了宽宏到西萨 3 千米多的石板路，在小汤箐修了石拱桥，倡导种树种果美化家乡。李育清以宽宏小学为据点，成立临时党小组秘密开展革命活动。

了解了困鹿山古茶园的前世今生，再来了解一下李铭仁先生大墓。

李铭仁大墓在现宽宏村委会（即原来的宽宏百年老校址）后山大约 500 米，碑高 2.86 米，宽 2 米，三块石碑刻有墓志铭，形成一个可容纳 7~8 人避雨的墓门室。这么大的墓在这个地区实属少见。墓门刻有对联："前山清秀开甲地，后地绵延启人文。"映衬着对联的是石头的浮雕，图案是马鹿和茶树。

李铭仁的墓志铭是清末贡生邓青云撰的。在这一地区，邓青云和李铭仁、李鹄臣并称"末代三贡爷"。邓青云和李铭仁既是同乡，也是同学，更是同事加知心朋友。由邓青云来执笔撰写墓志铭，再恰当不过了。邓青云在墓志铭中用词准确，文笔严谨，娓娓道来，详尽地叙述了李铭仁的一生，他做的一桩桩好事，留下的一个个美名。

李公乐山墓志：

先生讳铭仁，字静庵，一字乐山。邑增生天禄公之长孙，武生鸿臣公之长子也。学有渊源，年十七入泮，二十四食廪饩，又数年。

先生赋性热烈，迥异常人，二十许，入普洱宏远书院读高才生时，得读新书报，遂慨然有澄清贪墨之心，振作地方之志。于稽查抱、香、益三井盐能，而揭禀提举胡壁对盐舞弊。于第一届首选议员，而提案弹劾财政厅长吴琨侵蚀铁路股款，即可以知其志矣。奈民权主义被迫于军阀政客，不得展其所欲，岂不痛哉！

先生乃回顾桑梓，专以振作地方为事，捐产捐金，修建学校，购买新旧书籍，招徕远近学子，使肄业其中，以期造成后进，偿夙愿于将来。于是而宏大之，学校毕业之学生辈出。

时适地方盗匪横生，先生又奉令充当本区团首，更不遗余力，不辞怨谤，购枪支严缉匪首。先后数年，计共擒巨匪十余人，而地方始得安宁。此其功为何如？至若以子道孝亲，父道教子，奉身以俭，报宗以诚，均彰彰在人耳目，惟恨述不尽述矣！

先生生于光绪元年，卒于民国十七年，享寿五十有四。有子三，长育芳，早亡；次育清，三育民，皆伟器。女四，长适孙；次未字，早亡；三适徐；四幼，未字。今以十九年十月廿九日，葬于村学校后山。其嗣君以先生与余生同乡、幼同学、长同事，能道其详，乞为志，故择其大者志之，以昭来许。同学邓青云谨志。

另外一块墓志铭内容大体相同，落款是外甥孙博夫拜撰，愚孙袁迪光敬书。

延伸阅读：李铭仁家族历史资料

（李铭仁玄孙　李彦丞　整理）

一、李铭仁

李铭仁（1875—1929年），字静庵，又字乐山，清末贡生，民国初期的省参议员"景谷四贤"之一。其先祖李子芳，由原籍江西省临川迁徙到银生府故地景东做官，父李鹄臣，清代武生，由景东迁居景谷。

李铭仁幼年学习勤奋，性格刚毅热烈，17岁时中秀才，20岁到普洱宏远书院学习。时值清廷腐败没落，甲午战争失败后，被迫割地赔款，国事危急，全国上下求变革图强的思潮高涨。李铭仁接受新思想，顺势决定要兴乡报国，在22岁升为官府津贴的"廪生"。25岁被委任抱母、香盐、益香三盐井盐务稽查，上任期间据实揭发贪官胡壁营私舞弊的罪行，并呈报上级盐场存在的诸多弊端。

31岁时，李铭仁与他父亲李鹄臣一起到景东考场应考。李鹄臣考取了武生，李铭仁考取了贡生，清王朝发给东帽（顶戴）和礼服。这是中国科举制度的最后一次考试，可以称为末代贡生。

32岁时，晋升到省城的法政学校深造。

由法政学校毕业回乡后，受全国城乡废科举，兴办学校热潮的推动，李铭仁便发出办学校的倡议，以民间集资为主，把宽宏村创办于1902年的正兴义学，改建成新式正规小学。出乎意料，赞成的人很多，使他信心大增，率先捐出自家的一份田产和一些现金，动工建盖瓦房校舍。期间还曾因部分捐款不到位，李铭仁只好卖掉家里的骡马，用这笔钱来补上。终于在1912年成功建成初等小学。之后陆续获得了些个人捐助，加上清查地方公有财务，和李铭仁经办地方团练所得的一些公私收入，全部用于改善办学条件。

民国五年（1916年），李铭仁42岁，被民选为云南省第一届参议会议员。当时民国已建立几年，但积习未除，官场因循守旧、玩忽职守、贪赃枉法现象严重。李铭仁以自己的学识和见闻，书写万言政见书，发表于省参议会。着重阐述军政利弊、人民疾苦，但听者藐藐，竟被束之高阁。在第二次省议会上，联合有志的议员为民请愿，弹劾财政厅厅长吴琨贪污铁路股款的罪行，但因官官相护，随之淡化。

李铭仁看透官场种种，辞职回乡，将报效国家的热情倾注在家乡的建设和培育后人上。1917年，李铭仁将当议员期间的津贴数百元购买书籍、教具捐给宽宏小学，又积极筹措资金，修建了大门，盖了五间瓦房和正房，办起高等小学（现称完全小学）。后来又筹资盖起正房，形成四合院五天井格局。

当时的宽宏是景谷正兴的政治、文化、教育中心，正兴乡公所和国民党的军用电台就设在学校隔壁。据当时的老人回忆："这里不是城镇，但也很热闹，学校那片很优美，爬上小坡，在碧绿的大榕树树荫下跨进一道大门，里面是一座大理石纪念碑，犹如倒置的一支笔，刻着李贡爷建校的纪念碑文。再上几级石阶，是学校大门，上书一副对联：宽厚为怀，学研新理；宏通致用，校订旧文。进入校园，是一个四合五天井的方形大院，两面是教室，一面是学生宿舍，正面是李家祠堂、孔子牌位，祠堂外还刻有牌匾，上书：循法无过、修礼无邪；居安思危、处治思乱；小人怀惠、君子怀刑。正面是教师办公室和宿舍，四周耳房是教师厨房、学生伙房和公厕。院子正中并排两排紫薇花树，还有用枝条编织成的一个个大花盆，每到夏天，一树一树的花，遍地也是花，整个院子一片火红的景色，后院还有缅桂花、万年青、兰花等，在后面就是柏木树，有一个长方形的花园，用花点缀，里面'宽宏小学'四个大字用砖砌成。"

李铭仁还当任了多年校长职务，以自己的亲身感受，制定了教学方针。从校训的涵义：要以宽厚的胸怀为人处世，学习新知识，研究新道理，包括一切新事物；要宏观辩证地融会贯通，学以致用，科学地的看待、接纳文化遗产，取其精华，弃其糟粕，不死搬硬套地读死书，就可得知李铭仁倾注了大量的心血。宽宏小学在李铭仁和接替他当校长的儿子李育清，以及任教多年的女婿徐明栋等人的苦心经营下，不断完善并发展成为正兴乡的中心小学、中共地下党组织的革命活动秘密据点，培养输送了一批批革命、建设人才，为传播文明、引导社会进步提供"星火"。

1920年，地方盗匪猖獗，人民遭劫受难。46岁的李铭仁出任景谷县东区和勐乃区团防队长，致力于剿匪，民国九年至十五年（1920—1926年）期间，抓获匪首10多人，平息匪患，还地方安宁，也为他儿子后来组建党支部和地下武装打下基础。

1922年3月，李铭仁撰写了《宽宏学堂始末记》，共捐款2082银元，田地一块，施工开支1565银元，购置开支517银元，并把捐助人姓名、收支情况等，刻在两块石碑上，立于小学大门口。

从《普洱县志》《景谷县志》可以查到，1915年，普洱县立中学的开办费为1700银元，常年经费为1821银元。1912年，景谷县全年教育经费为2610银元。可见当时银元的市值，而兴建宽宏小学的捐款及开支数额都比较大，可想而知，李铭仁筹措并捐助这些钱来办校，是非常艰辛的。

李铭仁晚年，与景谷县开明绅士涂达纶、谢以暄、邓青云等联名上书省政府，成功把澜沧江景谷县的三个渡口摆渡权归还景谷，并将摆渡收入全部用作开办景谷中学的教育经费。由于他们4人对景谷县的教育事业贡献卓著，学识渊博，为人正直清廉，社会声望较高，所以被全县乡民公认为"景谷四贤"。

李铭仁因积劳成疾，哮喘严重，医治无效，于1929年1月4日逝世，享年54岁。逝世后，闻者都痛哭流涕，不论富绅贫民，男女老幼都来吊丧，送葬人排了1里多长。

于 1930 年 12 月 18 日葬于宽宏学校后山，立高 280 厘米、宽 200 厘米的大理石碑一座。由邓青云撰写墓志。并在宽宏学校大门外立一高 20 多米的石柱纪念标，上书李铭仁一生经历和办校经过。

二、李铭仁家史

清朝时期，李铭仁先祖李子芳从江西前往银生府故地景东县为官，后迁到景谷县宽宏以种茶繁衍生息。祖父李天禄，秀才，生卒年月不详，去世后，由父亲李鹄臣接手管理茶园养家。李鹄臣娶张氏为妻，1906 年中武生，其子李铭仁中贡生，1929 年李铭仁病逝。李铭仁娶杨氏为妻，育三子四女，长子李育芳，童年夭折；二子李育清娶罗氏为妻，育二子一女；三子李育民娶胥氏为妻，育三男三女。

因历史原因，李氏族谱文书被毁，以致不能奉上先人准确的历史轨迹，实为憾事。以现存墓碑为准，2008 年，宁洱县政府公布"李铭仁墓为县级文物保护单位"。但是，其他文字资料荡然无存，现在唯一的家谱，也是族人口口相传，得已传承李家字派：芳圆应宗春之世，大登子天鹄铭崇，文彦开朝显学仕，照正德挥锐新旗。

因景宁高速公路建设需要，李家后人将李鹄臣夫妇的墓地于 2021 年 5 月 25 日搬迁重建（图片由李家后人李彦丞提供）

李鹄臣妻墓室前的一对石狮只剩下了一只（图片由李家后人李彦丞提供）

三、李育清

李育清（1901—1946 年），字夷风，原景谷县正兴区宽宏乡人（今宁洱县宽宏村），是李铭仁之子，排行第二，人称二少爷，普洱道立普洱中学毕业。他是"土地革命"时期入党的 18 位共产党员之一（排序在第九位，也是景谷县唯一参加过八一南昌起义和担任工农红军军官的人）。思茅报载，称为"中共思普区第一人"。

李育清青年时期外出学习，曾就读黄埔军校，毕业后任国民革命军第三军（滇军）连长，参加北伐战争。于 1926 年入国民党，隶属中国国民党革命军第三军特别党部。北伐途中，"蒋、汪"先后叛变革命，李育清就参加了湖南"郴州暴动"，后到江西苏维埃红军大学学习，1927 年任工农革命军第六纵队队长，后加入中国共产党，参加了八一南昌起义。于1929年初回到家乡宽宏村料理父亲丧事后未归队，继承家业（另一说法是受党组织安排回家进行革命活动）。

李育清回乡后，继承父业，热心教育事业，专心办好其父创办的宽宏两级小学，他一度被选为宽宏小学校长。他不但自己出钱办学，还团结地方绅士，发动捐款，广招贤才来校任教，使教学质量不断提高，对周围产生较大影响。学校不但吸引了本县邻近区的青年来此就读，还吸引了外县的青年来读书。1944年，在一次乡民大会上发动募捐，他带头捐献500元，最后共捐得5000多元。加上"学校田"和"庙田"的佃租收入，于1945年秋天，自筹资金增办了中学，招收初中两个班，有正兴、钟山、凤山、益智、德安等乡100多名青年来就读。这批学生毕业后大都走上了革命道路，如王明义、冷启鹤、杨春晓等。

1931年，李育清与马维良作为筹款办学的主要负责人，筹建起与宽宏村邻近的昆汤箐小学教学楼，现该楼的中梁上还留有记录。

1935年起，李育清先后任过第二区（正兴区）区长，县参议会议员，景谷县警备大队长，景谷县第三学区宽宏小学校长，正兴乡中心小学校长，正兴乡剿匪队长，正兴乡乡民代表会主席，景谷县义务劳动团教职员学生义务劳动大队长等职。1945年11月，提为省参议员候选人。

李育清以宽宏小学为据点，成立临时党小组，聘请进步教师任教，秘密开展革命活动。在李育清领导下，开办《爱群壁报》，转载《新华日报》消息和国内外形势，揭露、评论社会不合理的现象。同时，与当地进步乡绅邓青云、谢以暄、谢子建等，创立了景谷县立初级中学，是当时景谷县第一所中学。1945年又创办了正兴初级中学，以办学为掩护，采购进步书籍，在群众中积极传播革命思想，开展反"三征"斗争，暗中购买枪支，积极做好开展武装斗争的准备工作。

李育清利用读书活动，让学生阅读进步书报，积极传播进步思想，发展党的外围青年组织"民青"成员。他和好友杨世杰秘密串连贫苦农民，进行反封建压迫的民主革命思想教育。他常和长工李从良秘密交谈，李从良进步很快，他给李从良看一本《民主与独立》的进步书籍，还把一包秘密书籍交给李从良藏在墙头上。土地改革中，在清理李育清的家时，在他家墙头上找出了这包革命书籍，连同李育清的红色党证，这才证实了李育清的真实身份。

抗日战争爆发后，李育清组织成立了"抗日救国联合会"，动员开明进步人士参加。他组织了40多名青壮年进行军事训练，以"保家护院"为名采购武器，为武装革命作准备。李育清衣着朴素、说话和气、平易近人，乡亲们都喜欢和他交往，很信任他。经常有家里揭不开锅的来他家吃饭，他和妻儿也与乡亲、长工同桌吃饭，不分彼此。

李育清为人正直，嫉恶如仇，平素爱打抱不平，对其妻弟——一贯勒索压迫乡民

李家后人正在修复李育清墓（图片由李家后人李彦丞提供）

的恶霸罗沧澄也给予抨击。他挺身而出对抗伪乡长陈国尽草菅人命的暴行，为村民伸张正义。也因此让罗沧澄、陈国尽怀恨在心，到普洱督办公署告密，督办署派人与伪乡长来剿办宽宏学校。李育清等进步教师跑到边远险要的回萨山寨躲避。风声平息后，1946年10月，磨黑中学师生旅行团300多人，在校长陈盛年的率领下，来宽宏宣传革命活动时，李育清与地下党员曾庆铨、蒋仲明密谈两次。旅行团走后，李育清去磨黑办公时，被罗沧澄和陈国尽买通"哥老会"成员，将其杀害于磨黑。李育清的被害，给宽宏革命斗争带来了巨大的损失，开展武装斗争的计划流产，进步教师和学生撤出了宽宏，以投亲靠友、打工为名，先后转到宁洱、思茅，后来又到了下关、大理、丽江，转战滇西。

1949年3月11日，国民党军保三团从宁洱撤退滇西时，李育清次子李崇德，受父亲革命思想的影响，为地下党组织领导的磨黑农民武装带路，在西萨村曼端坡夹象沟袭击敌军，打死敌军1人，缴获电台1部。9月24日，李崇德把长短枪9支、500多发子弹"借"给了边纵主力团一团二营（这见证历史的借条被保存下来，已移交政府机关），支援革命斗争。

李育清娶罗氏为妻，育三男一女。长子早亡；次子李崇德已故，育一子一女；三子李崇懿已故，育一子二女；女儿李崇仙已故，育五子。

第二节 困鹿山上的赶牛人

随着普洱茶的风生水起，普洱茶、马帮、茶马古道这些名词被越来越多的人们反复提起，进而熟悉和了解了其中的内涵，但许多人并不了解的还有作为马帮补充的牛帮和赶牛人。长途运输过去靠的是马帮，而短途更多是靠牛帮。从困鹿山把鲜叶运到宽宏李贡爷家茶房，毕竟路难走，除了人背马驮，辅助的运输方式就是牛帮了。

宽宏困鹿山上有一个赶牛人，叫徐绍宗，属蛇，2006 年我去拜访他时已 79 岁了。他赶了一辈子的牛，除了对牛及与牛有关的所有事感兴趣外，对其他任何一件事都了无兴趣，也不屑过问。

他家里珍藏着各式各样与牛有关的物件，大大小小的牛鞍、牛铃、牛绳……他老伴不无埋怨地絮叨："这怪老头不买酒不买衣，就爱买牛铃马铃这些无成无用的东西。那些年我上山拣木耳卖了点儿钱，攒起给他买衣穿，想不到他拿去买了牛铃铛。"

谈起牛铃，他来劲了。

赶牛人徐绍宗

他说，每把牛 11 头，他最多时赶过 3 把牛。

他拿出保存了不知多少年的牛铃铛，对我说，牛铃对赶牛人来说是少不得的。牛铃声起到壮胆压惊的作用，牛铃声响起，听不到杂音。他拿起头牛戴的铃铛，那个直径 15 厘米左右像圆型铁桶的东西摇起来后发出沉闷的叮咚声。赶牛人徐绍宗说，这种声音在大森林里传得很远，后面的二牛、三牛直到尾牛，听着这声音便跟随而来。老虎豹子远远地听见了，便悄悄地让开了。对面狭窄的山道上来了马帮牛帮，听见响声就会自觉避让。

也许赶牛赶多了，赶出了感情，赶出了人味，他能听懂牛铃的对话。他边说边摆弄起来，左手拿着头铃，右手拿着二铃，错开间隙，掌握停顿，把牛铃有节奏地摇响，悠扬的铃声仿佛在进行一种对话，这种对话只有他能听懂，他能翻译。

他说头牛是这样说的："走呢—走着。"

他怕我们听不清楚，又摇了下铃铛，铃铛发出同样沉闷的"叮咚—叮咚"声。他问，听见了吗？头牛说："走呢—走着，走呢—走着。"

我们似乎明白了一些。

赶牛人摇起二牛戴的稍小一些的铃铛，铃铛发出不太沉闷的叮咚声，他翻译说，二牛答应说："来呢—来着，来呢—来着。"

赶牛人依次摇起二铃和三铃，三铃和四铃，四铃和五铃，他作了如下的翻译。他说：

二铃和三铃对话是这样的："去呢—去着，来呢—来着。"

三铃和四铃的对话充满了感情："等呢—等着，来呢—来着。"

四铃和五铃的对话互相呼应着："去呢—去着，小牛—来着。"

小牛走得慢，一般都是戴五铃或六铃这样的尾铃，稍大的牛在前面走着，边走边说："去呢—去着，去呢—去着。"小牛在后面不紧不慢地跟着，清脆的铃声答应着："小牛—来着，小牛—来着。"

从赶牛人徐绍宗充满感情的叙述里，我分明感受到了一个赶牛人对牛帮的感情，体会到了一个赶牛人对已经消失的赶牛生活的眷恋。而这份眷恋是其他人无法体验和理解的。

徐绍宗珍藏着五个大小不一的牛铃。他说上寨范勇泉家有一个牛铃更大，有 1.1 尺（1 尺 ≈ 33.3 厘米，全书特此说明）。他的 1~4 铃是 1956 年买的，花了 80 多元。20 世纪 50 年代的 80 多元是个什么概念？一个农民有 80 多元钱可以说他心满意足了，那个年代他可以办许多事了，按当时的消费标准，80 多元哪怕在城里也可以生活 1 年多 2 年了。而这 80 多元是多么的来之不易，那是他老伴长年上山采木耳攒的。

老人又拿出一串马铃。他介绍说："这叫梳子铃，铃铛大小不一，但均匀有序，铃声清脆。这是 1949 年前用一个铜罗锅到磨黑换的。像这样的梳子铃在景谷铁厂曼者寨徐绍瑶家还有一个。"

老人家里还保存着许许多多的牛具，牛鞍子、牛架子、牛绳、牛鞭子……谈起牛绳，老人给我们展示，他编的牛绳松紧度、精密度、外观都比别人的好。他自豪地说，方圆百里没有人比他编得好的。我拿起细细观察，就像中国结一样精美耐看。

老人翻弄起这些牛具，娓娓道来，如数家珍。往往这时我就会发现，老人一谈起他的爱物，脸上便透出无尽的自豪，语速加快，眼睛放光。

一个赶牛赶了一辈子的人，别无所好，他不需要 20 世纪 70 年代流行的"单车、手表、缝纫机"老三件，也不需要 20 世纪 80 年代追求的"电视、冰箱、洗衣机"，更不羡慕如今司空见惯的"手机、电脑、摩托车"，不屑于"小车、洋楼、花园"。只要有了牛，他就吃得下饭喝得起酒，心里那个美呀，乐滋滋的没法说。

可惜，没过几年老人走了，随着已经消失的牛帮一起走了。从此，牛帮和赶牛人的故事就消失得几乎找不到踪影。

我写下这篇文章，想让困鹿山上赶牛人的故事保存在文字里，让后辈人知道，还有这样一种岁月，这样一种生活，这样一种人。

第三节　谦岗风雨桥与马秀廷德政碑

近观谦岗风雨桥

马秀庭德政碑

　　在去困鹿山的路上，到了谦岗村，从主路往左边斜下，可见谦岗河上建有一座风雨桥，这是昔日供藏马大道上的马帮通行的，同时也是方便村民进出的，过了风雨桥爬上一个小坡，就到了谦岗的贡爷邓青云的老宅。风雨桥边有一块德政碑，上横书"卫国保民"，直书"马秀廷大人德政"，这是为纪念云南普防殖边队统领马秀廷的，清慈禧太后亲封的"建威将军"。

　　谦岗风雨桥位于宁洱县城北17千米宁洱镇谦岗村河上。该桥处于原宁洱至西藏的藏马大道旁，始建于民国七年（1918年），由云南普防殖边队统领马秀廷、团总许为汉、贡生邓青云等人带头捐资，并动员过路的绅商群众捐款支持建造该桥。

　　谦岗的贡爷是"景谷四贤"之一的邓青云和其他三贤，即涂达纶、谢以瑄、李铭仁一起发起捐款修建桥梁，修造了景谷县城至镇沅、景东的要道芒冷大桥和芒玉大桥（芒玉古石桥现还悬立于芒玉大峡谷），接着又亲自主持修建家乡谦岗、西萨一带的桥梁。谦岗、西萨河弯弯曲曲，一路要过大河、小箐几十道，从民国二十年（1931年）起，他发起修造了从背阴山至西萨的10多道桥梁，其中石桥6座，有2座桥涵至今还作为公路桥使用。谦岗寨子脚这座风雨桥是座石木面瓦顶的人畜共用桥，质量很高，邓青云先生亲手写了两块匾挂在桥两头横梁上，东边是"谦岗锁钥"，西边是"景邑秉关"，还有一幅对联是"合区源泉归锁钥，一联楼阁壮村庄"。

　　谦岗风雨桥为东南—西北走向，全长 12.35 米，宽 2.7 米，木板桥面，土木瓦顶结构，整个桥房架子由左、右两边 8 根柱子、4 根便梁组成，桥面由 70 根湘木铺垫而成。桥面两边建有栏杆、护栏和供路人休息的靠背长凳，桥头两端的耳房与桥身、桥房连成一体。耳房墙上绘有"双鹅戏桃图"。过桥枕木平稳安放好后，开始铺设桥面，建护栏、建盖桥房。据说，"桥建好后，还专门从普洱府城请画匠，在西引桥房山尖外的墙面上画了'双鹤报春''迎接藏马'两幅画；在东引桥房外山尖的墙面上画了'南北通商''农耕大地'两幅画。建好后的大桥包括东西两岸引桥在内，跨度为 20 米。桥身由 4 根 15 米长、0.8 米宽、0.9 米高的椿树木头做过桥木（称过江木）。桥面用长 5 米、宽 0.2 米、高 0.1 米的木板铺成。桥的两边设双层护栏，里护栏不设护桩，起保护过往的马帮、行人的安全。桥头东西两岸用五面石砌成坚实的桥墩，在东桥头路旁北面和西桥头路旁南面各建一个能容纳 20~30 匹马的'稍场'，供来往的马帮放马'开稍'（做饭吃、喂马料）"。（见周发光《记述百年谦岗风雨桥》）

　　谦岗风雨桥为县级文物保护单位。

　　据周发光老茶人回忆，他小时在谦岗读书时，记得在原谦岗小学靠墙的这一面旁边，有石碑 12 块，但后来都不见了，现在只留下了马秀廷德政碑。那些石碑记载着什么，因为小都不清楚了。但从马秀廷德政碑和风雨桥上后人刻写挂上的牌匾"贡爷架桥人民修"的字里，可得知，当初建谦岗风雨桥时，得到了普洱府的大力支

谦岗风雨桥为县级文物保护

谦岗风雨桥面

谦岗风雨桥

远眺谦岗风雨桥

持，马秀廷是普洱府的统领，他肯定是奉普洱府知府的命令出了大力的，同时也得到了当地乡绅的支持。宽宏谦岗片区过去出了 3 个贡爷，1905 年已是清朝末期，即将废除科举制度实行新学时，曾在景东举行过最后一次科举院试，谦岗的邓青云（邓青云家原来也在宽宏，后来才迁居谦岗）名列第一，科取恩贡；宽宏的李鹄臣和李铭仁父子俩同时参加科举院试，父亲李鹄臣科取武贡，儿子李铭仁科取文贡。这些贡爷乡绅在架桥修路上自然会出钱出力的，所以，在风雨桥上有"贡爷架桥人民修"的说法。消失的 11 块石碑应该记载着这方面大量的信息和历史资料，只可惜好多都不见了。另外，在马秀廷德政碑上雕刻的"景谷"字样，可以看出当时谦岗宽宏片区还属于普洱府的威远厅，直至后来很长时间都归景谷管辖。

　　站在这座风雨桥上，我们仿佛听到了久远的西藏马帮的驿铃声声，清脆而抑扬顿挫，伴随着谦岗河的流水，在山谷里回荡；透过风雨桥旁的石碑，更让我们去拨开尘封的历史，追溯沧桑的岁月。

⤷ 延伸阅读：三进三出普洱府的清封"建威将军"

马秀廷（1854—1927年），字文仲，男，回族，云南省师宗县葵山镇大新村人（清代时大新村隶属于陆良县南靖乡所辖），云南省回族历史上著名的军事人物。清代抗法名将，因其战功卓著，先后任清军哨官、管带、军门、开化、普洱总镇，定远、镇远两军军统等职，获清诰封"建威将军"，之后率军拥护辛亥革命，并取得护国讨袁战役的胜利，任云南护国军普防殖边统领兼第五区指挥官，获敕授陆军中将军衔。

马秀廷三岁丧父，母亲改嫁，随母去巨木村，十多岁起就帮人放牛，因得罪当地大户人家被继父鞭笞，愤而离家出走，提着一双布鞋流浪他乡，辗转到思茅、普洱等地。之后投军从戎于吴军门吴永安（泸西县清水沟人）帐下，在一次战斗中英勇机智，夺得敌人洋枪一支，被吴军门关注，方知马秀廷为大新村人，与自己是近邻（泸西与大新村相邻），遂留在自己身边悉心培养。马秀廷在吴永安军中勤学苦练，文韬武略日益增长，加之屡建奇功，由班长提升哨官、管带、直至统领。

清光绪九年（1883年）冬，法国侵略军占领越南，并妄图入侵云南，清政府命云贵总督岑毓英到前线部署联越抗法事宜，吴永安向岑毓英推荐马秀廷出任定远和镇远两军统领，誓师出关，援越抗法。初至越南，法国远东舰队司令孤拔统领的法军就向中国军队发起了猛攻，面对装备优良的强敌，原驻防清军不战而退，马秀廷却表示不歼顽敌誓不生还，率部和黑旗军刘永福部一同与法军展开激战，法军伤亡惨重，马秀廷部旗开得胜。

清光绪十年（1884年）8月，李鸿章与法国在天津签订《中法简明条约》，承认法国侵占越南，撤回援越军队。但同年12月底，法国侵略军在谅山观音桥挑衅，并一路劫掠，烧毁镇南关，点燃了新的战火，马秀廷随即率部与黑旗军联合作战，狠狠打击了侵略者。在清光绪十一年（1885年）3月的宣光战役中，马秀廷部首战击毙法军统帅孤拔，打得敌人横尸遍野，狼狈逃窜，取得了宣光战役的决定性胜利。接着与贵州提督冯子才部共同进剿，又取得了临洮战役的重大胜利，所向披靡，接连攻克了几十个州县，有效钳制了敌军不能东调，配合了镇南关和谅山大捷，使法军东西二线同时进攻我国广西和云南的企图彻底破灭。

清光绪十一年（1885年）6月，李鸿章再次代表清政府与法国签订《中法新约》，胜利却换来了议和之耻。朝廷强令前线将士停战撤退，不得滞留。边关将士要求"诛议和之人，收回成命。"清政府却下旨严加斥责，马秀廷等抗法将士只能义愤填膺，带着满腔屈辱忍痛班师。

清光绪二十六年（1900年），八国联军进攻北京，慈禧太后以"巡视西域"的名义裹胁光绪皇帝逃至西安，马秀廷闻讯后，立即率部勤王，日夜兼程驰援北方战场。进入西安城时，为振军威，锣鼓开道，旌旗招摇，百姓夹道欢迎，拍手称快。这一举动惊动了慈禧太后和光绪皇帝，随即召集群臣议事，有大臣奏道："马秀廷锣鼓喧天入城，扰民惊吓君臣，有欺君之罪，当斩首示众。"而众多大臣奏道："马秀廷是武将，鸣锣击鼓开道进城，是壮我军威，扬我士气，有胆识有气魄，应以表彰重用。"慈禧听后觉得言之有理，心中大悦，为表彰马秀廷在国家外患时的诸多功勋，遂钦赐黄马褂和赏银三百锭，诰封"建威将军"（按照清代的职官等级，"建威将军"是清朝武将"武阶"中的最高等级，其品秩为正一品）。但封赏的荣耀并未带来战场的胜利，随着丧权辱国的《辛丑条约》的签订，马秀廷只能目睹山河破碎，百姓凋零，仰天长叹，敕命回师云南驻地。

辛亥革命后，1911年10月30日（农历九月初九），蔡锷、唐继尧等人在昆明发动了"重九起义"，占领全城，击毙清军十九镇统制钟麟同，活捉云贵总督李经羲，通电全国各省，推翻了清王朝在云南的统治。消息传到，马秀廷抚掌大笑，拍案而起："数十年之郁气，今日得舒。"迅速召开军事会议，说服将士，回电拥护，剪辫换旗，整军以待，剿匪安民，稳定秩序。事后，以积极拥护维持地方秩序之功，马秀廷授任于普防国民军统领等职，统领六营之众，并获三等嘉禾章和陆军少将军衔，继续驻守普洱地方。

马秀廷驻防普洱时曾有一段传说，彰显了百姓对其的爱戴。1912年普洱县城突降暴雨，风云剧变，电闪雷鸣，雨水倾泻而下，城内洪水泛滥，房屋倒塌，百姓惨遭灾祸，纷纷跪拜祈祷："乃蛟龙出世，无力抗拒。"马秀廷得知后，下令部队救灾救民，并用大炮向电闪雷鸣方向发射，以镇邪气，而迷信的群众则跪地求情："将军使不得，惹恼了龙神，会造成更大的灾害。"马秀廷不信邪，对百姓立言："如造成灾害，我负全责。"下令连连发炮，顿时，云开雾散，暴雨骤停，百姓倍感神奇，称马将军为天神下凡，能镇蛟龙，为民免灾，在普洱地区传为佳话。

1915年12月20日，袁世凯宣布称帝；12月25日，云南宣布独立，反对帝制，蔡锷率护国军兵出滇讨袁。袁世凯欲乘云南兵力空虚之时，从广西百色经滇南直捣昆明，扑灭护国焰火。形势迫在眉睫，都督唐继尧急调在普洱镇守的马秀廷赶赴罗平、丘北一带防堵。马秀廷率部迅速赶赴防地，将王、任二管带所属两个营的人马布防于丘北，亲率马建岗所属的第三主力营防守罗平八达河三江口一线。

结果风云突变，防守丘北的王管带、任管带经不住分化、威胁，率领两营之兵叛变，敌军整编后重兵威胁罗平。马秀廷临危不乱，率领仅有的一营兵力誓死固守，根据当地深山密林，地势险要的自然条件，制定了灵活机动的战术策略。敌军初至，不熟悉三江口一带地形，先头部队和大部队的多次出击猛攻，都被马秀廷巧妙化解，敌军处处受阻，最终付出了惨重的代价，于黄昏时退回丘北。

第二日，敌军倾巢出动，兵分两路，一路攻击正面，一路迂回围击，使马秀廷腹背受敌。危难之际，马秀廷灵活指挥，身先士卒，奋勇坚守。经过三昼夜激战，敌军伤亡惨重，血染三江，却寸土未得，不得不仓惶撤退，马秀廷乘胜一鼓作气收复了丘北。三江口战役的胜利，阻止了袁世凯进攻云南的企图，有力支援了护国军北伐讨袁，唐继尧喜其忠勇和将才，亲自颁给二等纪念章并奖以赏银。

铜柱铭勋亭与铜柱铭勋碑（郑海巍 摄）

1917 年，马秀廷调任普防殖边统领，重返普洱驻地。1918 年，马秀廷因剿灭澜沧土匪再度立功，加上之前的累累战功，经唐继尧请求授予陆军中将军衔，并奖以三等宝光嘉禾章。1920 年，罗平、陆良、泸西、师宗等县人民，为感念马秀廷守土有功，使百姓免遭蹂躏之苦，在其家乡大新村建“铜柱銘勋亭”，立“铜柱銘勋碑”(现为师宗县重点保护文物)，以纪念马秀廷为桑梓立下的功勋。

马秀廷长年保家卫国，置身他乡却不忘故土。家乡闹灾荒，他解囊相助以解燃眉之急，汇回巨款给每人发放大洋十块。又汇四百块大洋重修大新村清真寺，还帮助兴修家乡道路。在其家乡大新村，至今依然保留着当地人称为“衙门”的马秀廷故居，历经百年沧桑，虽已部分残破，但留存的斗拱重檐，石雕窗棂，述说着往昔的峥嵘岁

马秀廷故居（郑海巍 摄）

马秀廷大墓（郑海巍 摄）

月，寄托着家乡人民对马将军的怀念和崇敬之心。马秀廷年近古稀的时候仍体健神明，勤于戎事，普洱人士有"三次镇边疆，七旬开寿域，功业永招马伏波"之颂，当时的省府祝词将马秀廷喻为"南疆长城"。

1926年冬，72岁的马秀廷奉调省公署参议。马秀廷离开普洱时，当地官绅军民挥泪恭送，在谦岗风雨桥头，摆了三张桌子，每张桌子上放了一盆清水和一面镜子。意为："将军三进三出普洱，清如水，明如镜。"马秀廷向送行人群拱手称谢："有此厚赞，此生足矣。"普洱军民在此处立下了"马秀廷德政碑"，以纪念马秀廷在普洱的功绩。

1927年4月26日，马秀廷因患咳疾，在昆明不治而终，享年73岁，葬于家乡大新村老祖坟地。1930刻立墓碑纪念马秀廷将军的戎马一生。

本书作者陈玖玖（左五）拜访马秀廷外孙何平华（左四、师宗县政协主席）（郑海巍 提供）

第四节　困鹿山与李兴昌

谈到困鹿山，必然会联想到一个人，那就是李兴昌。

李兴昌是地地道道的宽宏人，1974 年，从普洱中学高中毕业后回到自己的家乡宽宏。他热爱生于斯、长于斯的故乡，但他的家乡那时还比较贫困，受过教育的他决心改变这种面貌。于是，在得到有关领导和部门的支持下，兴建了一个小水电站，让山区第一次通了电，他被称为"农村赤脚电工"。随后，他又策划建议修路，在上级有关部门的大力支持下，宽宏于 1986 年修通了乡村公路。李兴昌受过教育，后来被聘为宽宏小学的民用教师，因为工作努力接着转为国家公办教师。转正后，他更加努力工作，在教学领域和业余课外活动的各种比赛中获过奖。出于对家乡的热爱，教书育人之余，他十分注重对家乡人文历史的搜集、了解和整理。2002 年，他写了《爱国志士宽宏两等小学兴办人李铭仁先生生平壮举》，还绘制了《普洱茶乡宽宏景点分布草图》，向有关部门推荐，希望得到重视。他还对宽宏村，尤其是困鹿山的古茶林进行了许多了解。

对古茶林的兴趣，主要是来自他的母亲匡志英生前的言传身教。1980 年起，中国全面实施生产体制改革，农村实行家庭联产责任承包制。包产到户后，大家都把主要精力集中在解决温饱问题上，也因当时古树茶不值钱，1 斤只能卖几块钱，村民们便放弃了对古茶园的管理，加之 1984 年、1985 年发生山林火灾，烧毁了不少古茶园。当看到山火在古茶园燃烧时，李兴昌的母亲非常难过，站在院子里，看着被烧毁的古茶园方向，呈现出非常纠结的表情，不难想象出她老人家与古茶树的不解之缘。1987 年，匡志英 80 岁大寿时，作出了一个决定，用一生积蓄，向生产队买下了近百亩的古茶园，留给她的儿孙们，并嘱咐一定要管好古茶园，不得荒废。要求李兴昌一定要抽时间调查、挖掘、整理宽宏村的古茶园资源，历史文化。从此，李兴昌在母亲指导下，开始了古茶园的管理，普洱茶的加工、制作学习，考察、挖掘、整理宽宏村的古茶园、古茶树和历史文化工作。李兴昌抽空重点了解了困鹿山古茶园，同时也走遍了宽宏村辖区内的每个角落，通过实地调查、考证，进行整理、编辑，完整系统地把宽宏村辖区内的古茶园、古茶树资源和历史文化捋出了头绪，为政府、专家、学者进行科考研究，提供了详实依据。

2002 年 12 月 25 日，宽宏村成功举办了"宽宏村办学百年纪念座谈会"，普洱县人大、政协和地县教育部门等共 44 个单位的有关领导、代表、老干部、老校友一同参加了座谈会，并进行了参观。李兴昌借助宽宏学校开展办学100周年座谈会活动的机会，向来宾和校友们介绍宽宏学校发展历史的前世今生时，把宽宏学校的兴旺发展与经济（茶叶）发展是密不可分的因果关系作了阐述，也介绍了困鹿山古茶园，引起了社会的关注和政府的重视。回宽宏母校参加办学百年座谈会活动的杨丽初（退休前任西双版纳州农牧渔业局长），回家后把宽宏村困鹿山古茶园的事告诉了当时在思茅市科委工作的儿子，其子又与市科委工作的王建国交流沟通。王建国把得到的信息转告了台湾茶商黄传芳，引起了黄传芳的极大兴趣。

2003年1月11日，杨丽初的儿子和王建国2人带着台湾茶商黄传芳到困鹿山古茶园考察，经实地考察，黄传芳决定开发困鹿山古茶园，与普洱县凤阳乡政府对接后，签订了开发协议。至于后来，黄传芳为何放弃了对困鹿山古茶园的开发权，就不知是何原因了。

2003年7月20日，经黄传芳牵线，著名影星张国立与他的朋友王志强共同出资2万元，终身认养了宽宏村困鹿山大茶树林的千年野生古茶树，开启了异地扶贫的新模式。8月2日，李兴昌和儿子李明泽，以及15个民工，住到困鹿山古茶园后山的大茶树林清理杂草，实施古茶树保护工作，民工排成队进行地毯式清理古茶园杂草，发现古茶树及时报告、编号、登记。经过20多天的清理、统计，共发现古茶树1000余株。为了更好地推广宣传困鹿山古茶园，让客人精准地了解古茶树，李兴昌义务为到困鹿山考察观光的干部、群众、专家、学者当向导。由于他对困鹿山片区的历史、文化、古茶树、古茶园进行了10多年的挖掘、整理，十分熟悉情况，因此，对困鹿山片区的古茶园、古茶树及历史文化介绍较为全面，得到了各级领导和客人的广泛认可。到困鹿山考察观光的干部、群众、专家、学者都选择李兴昌当向导，李兴昌也不厌其烦地带领每一批客人深入了解困鹿山的古茶园、古茶树分布情况，以及宽宏村的历史文化。由于困鹿山古茶园茶树品种较为丰富，引起了政府以及各界人士的高度重视。

2004—2006年，省、地、县、乡党政领导，宣传、文化、旅游部门，专家、学者，文学爱好者，茶人、茶商，医学、美术、摄影、旅游、植物研究、媒体记者，乃至金融系统的投资者等，纷至而来。关于介绍困鹿山的文章也多了起来，有《云南日报》记者写的，也有我们本地人，如本书作者等人写的。

2006年，困鹿山茶在茶源广场开街期间进行了义卖助学；同年，还参加了广州国际茶叶博览会荣获金奖，困鹿山茶从此走出了大山。

2007年4月，第八届普洱茶节活动中，在困鹿山成功举办了"中外名人祭拜认养古茶树"活动，困鹿山开始名扬海内外。

2008年6月，在各级党政领导以及主管部门的积极争取下，以李兴昌家族传承的普洱茶制作技艺为主要申报材料的普洱茶·贡茶制作技艺，荣获中华人民共和国国务院、中华人民共和国文化部批准，列入国家级非物质文化遗产保护名录。

困鹿山发展到今天，客观地说，李兴昌功不可没。而李兴昌也因困鹿山，一直活跃在普洱茶界。

仅以 2022 年为例，在普洱茶界，李兴昌成为了一个大忙人。

2022 年 2 月，普洱市市长王刚，在宁洱县委书记罗东保等领导陪同下，到那柯里大师工作室，与李兴昌交流普洱茶发展现状；西双版纳州常务副州长罗景峰（普洱市市委原秘书长），到那柯里大师工作室，与李兴昌交流普洱茶。

3 月 2 日，江苏省镇江句容职教中心学员再次到宁洱县职业高级中学练习制茶，李兴昌毫无保留地参与指导训练。5 月，到宁洱县职业高级中学练习制茶的江苏省镇江句容职教中心学员刘鎏、张紫怡、贾咏莲、徐博文作为参赛选手，代表江苏省参加教育部举办的全国职业院校技能大赛，荣获团体一等奖。

3 月 22—23 日，陪同项兆伦（国家文旅部原副部长）到困鹿山皇家古茶园，普洱山皇家贡茶文化产业创意园考察调研。

3 月 29 日陪同云南省人大副主任李文荣到困鹿山皇家古茶园考察调研。

4 月 6—9 日，应镇沅县县委、县政府邀请，到镇沅县海棠、老乌山、砍盆箐、马镫、九甲五茶区进行考察指导。

4 月 28 日，应邀配合云南卫视 1 频道，到困鹿山皇家古茶园拍摄纪录片。

6 月，应邀出席云南省文旅厅举办的非遗日活动，做客全国摄影家协会演播室；做客省非遗处非遗中心直播间，现场展示宣传普洱茶·贡茶制作技艺。

应邀出席云南省文旅厅举办的非遗日活动

7 月 7 日，云南省农业大学普洱茶学院实习生，到普洱山龙潭坝茶场体验学习。

7 月 9 日，云南省政协原副主席陈勋儒，茶叶专家邵宛芳、吕才有、徐亚和等一行到普洱山龙潭坝茶园考察指导。

7 月 13 日，应邀接待国家政协副主席卢展工等领导一行考察团，展示宣传普洱茶·贡茶制作技艺。

云南茶叶专家考察团在李兴昌大师工作室座谈

东方甄选董事长俞敏洪与李兴昌、李明泽父子交流

李兴昌做客文旅中国演播室

法国电视台记者在普洱山拍摄

7月22日，应邀出席中国国际旅交会，现场展示宣传普洱茶·贡茶制作技艺，接受中央电视台新闻频道采访，做客文旅中国演播室。

7月，全程配合法国电视一台记者在普洱市拍摄专题片《世界上最珍贵茶叶的秘密》，11月，在法国电视一台播放，该片从采摘、管理、制作、冲泡、品鉴、功效等方面对普洱茶进行介绍推荐。

8月2日，应邀参与中国摄影家协会云南非物质文化遗产"影像大赛"摄影团队拍摄。

为庆祝中国共产党建党100周年，特意制作的重100斤的皇室龙团茶，被中国茶叶博物馆收藏，图为收藏证书

8月9—12日，应邀出席上海"滇之源全域旅游联盟"展，现场展示宣传普洱茶·贡茶制作技艺。

8月24—29日，应邀出席国际文旅部在山东济南举办的第七届全国非遗博览会，现场展示宣传普洱茶·贡茶制作技艺。时任国家文旅部副部长饶权，国家文旅部原副部长项兆伦，到展会现场考察指导。

2022年9月7日，创意制作了庆祝中国共产党建党100周年皇室龙团"民族团结同心茶"，重100市斤，意为中国共产党建党100周年；直径56厘米，意为中华56个民族紧密团结在中国共产党周围，同心同德实现中华民族伟大复兴。此茶入选国家非遗博物馆收藏（展）品，同年12月16日，被中国茶叶博物馆收藏。

➥ 延伸阅读：我父亲李兴昌走过的普洱贡茶制作技艺复兴之路

（李兴昌儿子李明泽整理　文中图片由李兴昌提供）

我的父亲李兴昌是道道地地的宽宏人，他出于对自己家乡的热爱，普洱中学毕业以后就回到生他养他的故乡，决心改变家乡贫穷落后的面貌，他当过农民当过代课老师，后来因工作勤勤恳恳转为公办，工作之余，认真了解、收集家乡的历史人文资料，整理困鹿山的古茶园材料，在各级有关部门和领导的关心支持下，终于把普洱贡茶的技艺传承下来。

我父亲喜爱并研究普洱茶，主要是受我奶奶的影响。1987 年，我奶奶匡志英 80 岁大寿时，作出了一个决定，用一生积蓄，向生产队买下了近百亩的古茶园，留给她的儿孙们，并嘱咐一定要管好古茶园，不得荒废。要求父亲李兴昌一定要抽时间调查、挖掘、整理宽宏村的古茶园资源，历史文化。从此，我父亲李兴昌在奶奶的指导下，开始了古茶园的管理，普洱茶的加工、制作学习，考察、挖掘、整理宽宏村的古茶园、古茶树和历史文化工作。我父亲李兴昌抽空走遍宽宏村辖区内，尤其是困鹿山的每个角落，通过实地调查、考证，进行整理，基本上完整、系统地把宽宏村辖区内的古茶园、古茶树资源和历史文化捋出头绪，为政府、专家、学者进行科考、研究，提供了详实依据，付出了常人无法做到的艰辛与贡献。

由于我父亲对困鹿山片区的历史、文化、古茶树、古茶园进行了十多年的挖掘、整理，十分熟悉情况。因此，到困鹿山考察、观光的干部、群众、专家、学者都选择我父亲李兴昌当向导，我父亲不厌其烦地带领一批批专家、领导、媒体记者以及普普通通的客人深入了解困鹿山的古茶园、古茶树分布情况，以及宽宏村的历史文化。

2004 年 3 月，云南省人大副主任黄炳生带领考察调研队到困鹿山古茶区考察，我父亲李兴昌亲自陪同。在考察过程中，周红杰教授，云南省茶叶协会会长邹家驹在困鹿山古茶园后山的大茶树林，认真听取了我父亲李兴昌的介绍和建议。8 月，由云南省委宣传部、云南报业集团、云南省农业厅、云南农业大学组成的普洱古茶区考察队到宽宏村困鹿山考察。同年，为了发扬光大普洱贡茶技艺，我父亲李兴昌到普洱县工商部门登记注册了普洱困鹿山贡技茶场（现国家级非物质文化遗产生产性保护示范基地宁洱困鹿山贡技茶场），开启了复兴普洱贡茶制作技艺的历史航程，引起社会各界人士的关注。

2005 年 1 月 17 日，《云南日报》刊载了由龙建民、

匡志英女士

2005年5月1日，李兴昌与张国立合影

朱丹等人撰稿的《寻找失落的古茶园》，文中记载了当时考察队的所见所闻。

同年5月，"马帮茶道瑞贡京城"出发仪式在普洱县（今宁洱县）举行，著名影视影星张国立先生应邀出席马帮出发仪式，并被授予普洱茶形象大使。当时，我父亲李兴昌在普洱县委宣传部的安排下，专程从宽宏村赶到县城，在张国立先生下榻的茶乡大酒店，与张国立先生交流普洱贡茶历史文化并合影留念。

2006年春，我父亲李兴昌在郑立学等朋友提供图片及参考资料的条件下，完成了皇室龙团（时称：金瓜贡茶、万寿龙团），俗称人头茶的复制工艺。相继，郑立学创著的《探秘普洱茶乡》一书出版，书中《普洱贡茶与困鹿山皇家古茶园》一文，清晰道明了普洱贡茶与困鹿山皇家古茶园的前世今生。4月，普洱县茶源广场开街暨云南省普洱茶协会成立，与我父亲李兴昌合作的广东茶商潘广新、林广彦也从广东赶来参会。开街当天，普洱困鹿山茶场现场义卖皇室龙团（金瓜贡茶），2个小时的义卖时间，共卖得1万多元人民币，义卖所得全部捐赠给普洱县关心下一代工作委员会，资助困鹿山贫困学生。云南省普洱茶协会会长、云南省关心下一代工作委员会主任张宝三，专门为李兴昌题词"国兴文昌"作为鼓励。

张宝三题赠李兴昌的"国兴文昌"书法作品

2007年3月，困鹿山茶场制作了4个皇室龙团（金瓜贡茶），并资助15000元人民币，让哈尼族汉子白荣华，单人徒步"进北京迎奥运"。4月，思茅市更名普洱市，我父亲李兴昌带领家族到营盘山茶博园万亩茶园参加普洱贡茶开采仪式，现场表演普洱贡茶技艺。时逢"百年贡茶回归普洱"，我父亲李兴昌终于亲自目睹了当年普洱府进贡的龙团。

2008年6月，以我父亲李兴昌家族传承的普洱茶制作技艺为主要申报材料的普洱贡茶制作技艺，荣获中华人民共和国国务院、中华人民共和国文化部批准，列入国家级非物质文化遗产保护名录。由中华人民共和国国务院公布，中华人民共和国文化部颁发了"国家级非物质文化遗产：普洱茶制作技艺·贡茶制作技艺"牌匾。

2009年2月，我父亲李兴昌应邀出席全国非遗技艺大展，荣获突出贡献奖。12月，在宁洱县县级文物保护单位文昌宫开办普洱茶·贡茶制作技艺传习所，开启了弘扬普洱茶·贡茶制作技艺新征程，开创了普洱茶·贡茶制作技艺传承的里程碑。

2010年6月，我父亲李兴昌应邀出席云南省文化厅举办的"中国文化遗产日"荣获突出贡献奖。10月，李兴

"国家级非物质文化遗产生产性保护示范基地"挂牌

昌应邀出席首届中国非物质文化遗产博览会，皇室龙团（金瓜茶）荣获首届中国非物质文化遗产博览会金奖。11月，李兴昌应邀出席第二届中国（福保）乡村文化艺术节，荣获最受观众喜爱的传承人荣誉奖。12月，在上海世界博览会云南活动周中，我父亲李兴昌因出色完成云南省委、省政府交给的光荣任务，荣获云南省文化厅荣誉奖。

2011年8月，我父亲李兴昌全程陪同国家政协副主席白立忱考察困鹿山皇家古茶园，然后在普洱茶·贡茶制作技艺传习所文昌宫现场展示普洱茶·贡茶制作技艺。11月，宁洱困鹿山贡技茶场被中华人民共和国文化部认定为：国家级非物质文化遗产生产性保护示范基地。同月，国家文化部授予以家族创办的宁洱困鹿山贡技茶场为"国家级非物质文化遗产生产性保护示范基地"牌匾。

2012年1月，我父亲李兴昌应邀出席昆明官渡第二届全国非物质文化遗产联展，荣获最佳创意奖。2月，李兴昌应邀出席全国非物质文化遗产生产性保护示范基地成果大展，荣获突出贡献奖，宁洱困鹿山贡技茶场荣获突出贡献奖。6月，李兴昌荣获中国非物质文化遗产保护中心中华非物质文化遗产传承人薪传奖。9月，我父亲李兴昌为了更好地发扬光大普洱茶·贡茶制作技艺，通过主管部门牵线，在宁洱县职业高级中学创

普洱茶贡茶制作技艺传习基地

办了普洱茶·贡茶制作技艺传习基地，实实在在让更多的年轻人学习传统文化技艺，开启非遗进校园先河。12月，李兴昌应邀出席首届中国（黄山）非物质文化遗产传统技艺大展，七子饼茶荣获银奖。

2013年1月，应邀出席昆明官渡全国非物质文化遗产联展，七子饼茶荣获金奖。

2014年9月，李兴昌被云南省文化厅命名为云南省非物质文化遗产传承人。11月，云南省茶马古道保护开发促进会授予宁洱困鹿山贡技茶场唯一生产制作"云南省茶马古道保护开发促进会"建立大会纪念茶单位。当年，我父亲先后多次参与大型纪录片《天赐普洱 世界茶源》的拍摄工作。

2015年4月，我李明泽被普洱市文化局命名为普洱市非物质文化遗产传承人。6月，我父亲李兴昌应邀出席云南省文化厅举办的文化遗产日活动，荣获最受欢迎奖。12月，我父亲李兴昌应邀到国家政协礼堂参加在京政协委员活动日，作普洱茶知识普及讲座。在国家政协副主席办公室，我父亲李兴昌荣幸得到国家政协副主席白立忱的接见。

2016年4月，"中国茶·普洱味"2016普洱茶文化活动月普洱茶艺大赛，普洱茶·贡茶制作技艺传习基地，宁洱县职业高级中学荣获团体二等奖。5月，应邀出席中国（北京）国际服务贸易交易会，荣获非遗技艺薪火相传奖、优秀组织奖。6月，我父亲应聘为滇西应用技术大学普洱茶学院客座教授，同月，李兴昌应邀出席中国（昆明）

李兴昌被授予"云南首席技师"称号

李兴昌被授予"普洱大国茶匠"称号

官渡古镇中国文化遗产日，荣获普洱贡茶金奖。

2017年4月，第十五届中国普洱茶节少数民族茶艺大赛，普洱茶·贡茶制作技艺传习基地宁洱县职业高级中学荣获团体一等奖。6月，我父亲李兴昌应邀出席云南省文化厅举办的文化遗产日活动，荣获金奖。7月，云南省人力资源和社会保障厅、云南省财政厅授予李兴昌"云南首席技师"荣誉称号。同月，普洱市委、市政府授予李兴昌"普洱大国茶匠"荣誉称号。同月，应聘为中华非物质文化遗产发展基金会中国普洱茶制作技艺首席顾问。10月，应聘为湖北省收藏家协会茶文化研究会普洱茶技术顾问。同月，特聘为滇西应用技术大学普洱茶学院导师。

2018年6月，受普洱市委、市政府委托，制作19.17千克（上海大世界建于公元1917年）皇室龙团（金瓜茶），作为普洱茶宣传品，由普洱市委、市政府赠上海大世界收藏（展）品。12月，"皇家贡技"普洱茶作为中国普洱茶行业标志品牌，入选"壮阔东方潮、迈进新时代"庆祝改革开放40周年"中国自主品牌全球巡展"主题活动，亮相美国纽约时代广场纳斯达克世界第一大屏，代表民族品牌，向世界展现中国企业形象。11月，第一届中国进口博览会在上海举办，上海市健康协会把我父亲李兴昌研发的三餐茶，作为上海健康协会在进博会的主推茶产品，亮相第一届中国进口博览会。

庆祝中国改革开放40年，亮相美国纽约时代广场

2019年3月，我父亲李兴昌入选云南省人才工作领导小组办公室首席技师。6月，李兴昌荣获2019中国当代杰出非物质文化遗产传承人奖励资助。7月，应聘为普洱茶协会专家委员会专家委员。10月，制作的70斤重皇室龙团由普洱民族团结博物馆、哈尔滨三五非遗博物馆、黑龙江览古金茶和成都非遗博览园博物馆收藏，并参与捐资助学活动。11月，应邀出席第二届中国进口博览会，现场展示普洱茶·贡茶制作技艺。

2020年4月，疫情期间，普洱皇家贡技茶业有限公司向宁洱县红十字会捐赠价值91万余元的三餐茶产品。9月，李兴昌女儿李明洁获得国家二级评茶师、国家二级茶艺师资质，儿子李明泽获得国家二级评茶师资质。当月，李兴昌应聘为普洱学院客座教授。11月，应邀出席第三届中国进口博览会，庆祝中华人民共和国建国70周年（重70斤）

重 100 斤直径 56 厘米的皇室龙园"民族团结同心茶"

李兴昌应邀到清华大学作"只有传承·非遗才能发展"的专题讲座

皇室龙团亮相进博会，深受观众好评。12 月，"普洱（皇家贡茶）制作技艺"李兴昌入选中华人民共和国第一届职业技能大赛"中华绝技"优秀展播项目。当月，应聘为滇西应用技术大学普洱茶学院客座教授。当月 25 日，皇室龙团（金瓜茶）亮相"风起云涌 璀璨沪滇——2020 沪滇经济合作发展峰会暨上海市云南商会 10 周年盛典"拍卖会，成功拍得 5 万元人民币，全部捐赠云南省退役军人关爱基金会。

2021 年 2 月，皇家贡技茶业有限公司由宁洱县宁洱镇党委、镇政府推荐引进到普洱山龙潭坝茶园，带领 80 余户茶农实施巩固脱贫成果，发展经济，助力乡村振兴。4 月，父亲李兴昌应邀到清华大学作"只有传承 非遗才能发展"的专题讲座。9 月，制作重 100 斤，直径 56 厘米的皇室龙团"民族团结同心茶"。100 斤重意为庆祝中国共产党成立 100 周年，56 厘米意为中华 56 个民族，象征 56 个民族紧密团结在中国共产党的领导下，同心同德实现祖国伟大复兴。11 月，应邀参加云南省百年百艺展，100 斤皇室龙团"民族团结同心茶"，入选云南省文旅厅推荐国家非遗馆收藏（展）品。12 月，入驻那柯里特色小镇宁洱县非遗传承工坊，设立大师工作室，展示和传播普洱茶·贡茶制作技艺。

至 2022 年，普洱茶·贡茶制作技艺传习基地实现非遗进驻校园 10 年来，在参加教育部举行的全国制茶大赛中，有 9 名学员获奖，在云南省教育厅举行职业技能大赛中，有 3 名学员获奖，在普洱市举行的手工制茶大赛中有 1 名学员获奖，有 10 学员获得"优秀普洱工匠"称号，2 名学员获得国家二级评茶师资质，3 名取得普洱茶质量检测检验资质证，1 名学员获得国家级二级茶艺师资质，为当地发展经济、乡村振兴培养后备人才作出了卓有成效的努力和贡献。

第五节 结缘困鹿山

我和郑立学因困鹿山而结缘

李兴昌

我和郑立学老师因困鹿山而结缘，将近半个世纪了，说起来话就长了，当然不仅仅是因困鹿山结缘，这其中还有一种文化和机缘在里边。

早在 1973 年，我在普洱中学上学时，郑立学当时担任普洱县团委副书记，负责青年工作，其父亲是普洱中学的教师，家住普洱中学，其爱人也刚好从文工团调普洱中学教书，虽然我们之间不是同学，但也因各种原因而认识。后来的交集越来越多，即便是我女儿参加云南省艺术大赛，也是请他的夫人杨恒莘老师辅导的。

起初，我们认识仅仅停留在一般的认识和交往，后来，慢慢地就进了一步。普洱中学高中毕业后，1974 年，我回到宽宏，开始了回乡青年的生活。1976 年的一天，郑立学以驻昆汤大队（当时称大队，即现在的村）农业学大寨工作队队长的身份，带领着昆汤下乡知识青年李祖宁（李祖宁现已退休，退休前任宁洱县纪委副书记）来到宽宏，主要是来考察建立小水电站的事情，因为昆汤这个凤阳公社（当时称公社）是最为贫穷的大队，当时不通电，同时，他听人介绍说困鹿山有一个古茶园，过去老普洱人送礼都喜欢送困鹿山茶，就十分感兴趣，借便来了解一下。想不到当时茶叶处于统购统销阶段，人们也还没有完全解决温饱问题，古茶园的概念也没有提出，他对困鹿山这么敏感，执意要走路上去看。我作为宽宏村第一批回乡知识青年，义不容辞地接待了他们。我 1974 年回乡后，在水利局技术人员徐旭的指导下，在宽宏成功建设了一座 60 千瓦的小水电站，是当时人们公认的农村赤脚新电工。郑立学一行专门参观了小水电站。估计都同是知识青年（郑立学也下乡当过知青）的缘故吧！我们之间共同话题就多一些。从农村的现实生活状况、经济发展、农作物种植知识到农村青年成长导向、农业如何学大寨，甚至天南海北、人文地理、国内国际形势等，无所不聊。由于共同话语较多，我们自然就成了好朋友，一直保持至今。郑立学上困鹿山是李祖宁陪着他去的。

1984 年春季，已经调到普洱县林业局的郑立学再次来到宽宏，和他一同来的还有普洱县森林派出所的常海卿（常海卿也已退休，退休前任普洱市财产保险公司副经理），这次主要是来宣传林业政策的。那时，宽宏已经通了乡村土公路，但困鹿山还没有通，一个城里长大的人，他对困鹿山还是那么感兴趣，第二次仍然徒步坚持上了困鹿山。

2006年2月，郑立学再度回到宽宏村，这时他已经调到普洱市林业局，并且担任了普洱茶文化研究会副会长，这次来主要探访普洱贡茶神秘产地——遗落深山的困鹿山皇家古茶园。再度重逢，我们很是高兴，有说不完的话，聊不完的天，一直谈到深夜。2000年，困鹿山修通了林区路，上困鹿山不用走路了，第二天吃过早饭，他开着一辆五菱面包车，我俩就向困鹿山皇家古茶园进发。为了借助自然光拍到较理想的照片，我们一路上走走停停，边看边聊，有时候我根据平时掌握的情况，向他作些推荐，供他参考。最后，为了拍摄一张理想的困鹿山古茶园全景照片，我俩从中午上去一直等到下午6点多钟，太阳西下时开始拍摄，可是选择了几个角度进行拍摄，还是不尽人意，经过观察，郑立学决定爬到皇家古茶园地脚的一棵树上拍摄，于是，我们两人交替接送着相机往上攀爬，郑立学老师爬到最高点，一只手抱紧树干，一只手使用相机"嚓嚓嚓"连续抓拍，终于拍下了至今也没有人拍出这种效果的传世照片。那次拍摄的珍贵照片都用在了《普洱贡茶与困鹿山皇家古茶园》一文中，这篇文章后收入他的著作，由思茅市委宣传部、思茅市林业局和思茅市民宗局投资出版的《探秘普洱茶乡》一书。

晚上回到我家中，吃过晚饭，我们一夜长聊，聊宽宏的过去、现在和将来……以前聊天聊茶不多，这次聊天聊得最多的是茶，如何恢复人头茶（金瓜茶）的制作，如何推向市场。那时，郑立学的小儿子郑海峰停薪留职建了一个普洱茶高档包装厂，正好制作了高档木质"九龙茶盒"，可以装下9饼七子饼茶或者1个金瓜贡茶。于是我和郑立学约好下个星期，他带着制作好的"九龙盒"从思茅上普洱宽宏商谈。之后，再次约好，我从思茅到普洱，他从宽宏到普洱，然后一起到普洱县（今宁洱县）新华书店，找到了邓时海著的一本有关普洱茶的书中查到了北京故宫珍藏的金瓜贡茶的照片，经俩人对照片的反复观察、推敲，我们确定了之前研制的思路是正确的，坚定了信心。返回宽宏村后，我和困鹿山茶场的广州茶人潘广新和林广彦经过不断的反复试制，终于成功制作出了紧而不实、疏而不松的类似古普洱府进贡到皇宫的龙团。但由于成本太高，没有采用他儿子设计制作的"九龙茶盒"，而改用广州制作的纸盒，包装上用的照片多数也是郑立学老师拍摄的。郑立学的小儿子郑海峰当年设计制作的"九龙茶盒"后来投向了市场。在中华普洱茶博览苑二楼展室向游人展示着九龙至尊的"九龙茶盒"和金瓜贡茶。

2006年3月中的一天，我和广州茶人林广彦专程从宽宏坐农村班车到普洱（现今宁洱），再转车到思茅（现今普洱市思茅区），一人提了1个金瓜贡茶，到了思茅市林业局郑立学老师家里，诚恳地对他说："郑老师，这是最先制作成功的两个金瓜贡茶，一个是用困鹿山茶做的，一个是用扎罗山茶做的（同样是困鹿山茶区），送给你做个纪念，也只有你有这个资格。"同时，困鹿山茶场承诺每年送两个金瓜贡茶给郑立学老师收藏。

2006年4月9—12日，普洱茶街开街，开街之前，为了配合金瓜贡茶义卖助学，郑立学老师赶写了《普洱贡茶与困鹿山皇家古茶园》这篇文章，发表在《思茅日报》2006 年 4 月 7 日第三版上，对这期报纸除了《思茅日报》正常发行外，困鹿山茶场加印了 1000 份，进行了广泛宣传。《普洱贡茶与困鹿山皇家古茶园》这篇文章后来被许多刊物和网络转载。金瓜贡茶随着普洱茶街开街而开始逐步走进千家万户。

2006 年 11 月，郑立学老师和罗舒淇夫妇应与我合作的潘广新、林广彦邀请，和我及我的徒弟李应德到广州参加一年一度的广州国际茶业博览会。普洱困鹿山茶场参与了 2006 中国（广州）国际茶业博览会斗茶大赛，选送的晒青秋毛茶荣获金奖，并把获奖产品义卖所得 5000 元人民币全部捐赠给广东省慈善机构。博览会结束，我们在潘广新董事长的陪同下，到了广东中山，参观了孙中山故居，还到了佛山、虎门、深圳、东莞等地旅游观光考察，欣赏了这些沿海城市的风貌，感受到了发达地区腾飞的经济，也交流了前卫的思想和文化，更体会了珠三角地区对普洱茶的热爱。

2007 年，郑立学老师被抽调到第八届中国普洱茶节暨思茅市更名庆典活动组委会，安排到"三百茶会"筹备组。"三百茶会"具体来说就是 100 个名人认养 100 棵古茶树品 100 款茶。最早的方案是每个县推荐 10 棵古茶树到组委会，10 个县（区）刚好是100 棵。组委会安排郑立学、思茅财校的刀剑老师、思茅农校教茶学茶艺的毛卫京老师到各个县考察落实，首先考察了景谷的苦竹山，然后，到镇沅，才跑了两个县，郑立学认为原定的方案实施起来可行性不大，100 个人要跑 10 个县认养分散在不同山头的100 棵古茶树，难度太大，谈何容易？郑立学建议立即返回思茅进行汇报。组委会听取了汇报后，采纳了郑立学的建议，同意改为公认公养，并叫他提具体的方案。郑立学根据他多年对困鹿山古茶园具有茶树集中、茶种独特、树形高大、滋味醇和等特点的了解，也考虑到交通安全、吃、住、行等各种因素，提出了这次活动建议在普洱县的困鹿山举行。之后，由"三百茶会"的筹备组组长李文秋和他到普洱县对接沟通，得到了普洱县委、县政府的大力支持。然后，郑立学代表组委会留在普洱，和普洱县政府办、茶叶办和普洱县旅游局的同志们一起，对许多细节问题进行了策划，敲定了祭拜认养会场的布置，确定了祭拜的茶树王，考察选择了勐先宣德哈尼族祭竜队伍、梅子长号和唢呐队伍等细节问题。那段筹备期间，他们几乎是 2 天就得上一次困鹿山，想必十分辛苦。4 月 10 日，祭拜认养古茶树活动如期举行，当时活动的场景，至今还历历在目。当天，郑立学拍摄了许多照片，活动结束后，他紧接着写了一篇《中外名人祭拜认养困鹿山古茶树活动纪实》的文章，用纪实的文字和优美的图片详细记录了这个对困鹿山有着重大影响的活动，发表在全国唯一的普洱茶专刊《普洱》杂志上，困鹿山茶借此走出了大山，让更多的人认识、了解了困鹿山皇家古茶园。

之后，我和郑立学老师在许多茶事活动中有过不少交往。

因困鹿山，我们结下了一世情缘。

1976 年我和郑立学步行到困鹿山

李祖宁

我与郑立学大概于 1976 年 4 月份从昆汤大队（郑立学是县派到凤阳公社昆汤大队的工作队长）走路到困鹿山生产队。我记得，中午在昆汤大队大平掌队我们知青户吃完饭后就出发，翻山越岭大概走了 4 个多小时才到困鹿山。在山梁子上一路有好多成熟的野果，普洱人喜欢叫"救军粮"，此果既解渴又饱肚，所以体力没有受到太大影响。到了困鹿山队时，社员们还没有收工，我俩就在寨子茶地中看茶树。当时，茶树就有 3~4 米高，采茶尖必须爬在树上或搭梯子才能采到，据村民说，家附近这片茶树已有几百年了。在茶地里，我们还闻到一股淡淡的桂花香。晚上，我们就住在薛队长家。晚饭薛队长用自家的腊肉煮豌豆招待我们，在当时算是好菜啦！晚饭后，薛队长拿困鹿山茶装在一个土茶罐里放在铁三角上慢煨，茶很浓。当时就觉得此茶味道很特别。闲聊时，村民们说生产队采的春茶卖给供销社每斤为 2 元钱，而公社电影队到困鹿山放电影每一场也是 2 元钱。这就是当时经济价值的交换价。次日早饭后，谢别了队长和村民们，我们就下宽宏大队去了。

（李祖宁：当过知青，参加工作后，曾任过普洱县（即今宁洱）统计局长、县物资局书记、县纪委副书记，2010 年从宁洱县纪委退休。）

1984 年困鹿山喝茶让我醉了

常海卿

1984 年春，当时我是普洱县林业派出所的民警，局里安排我和郑立学老师到原凤阳公社西萨、宽宏大队开展林业政策宣传。我们在宽宏大队工作一天后，次日早晨吃过早饭，在大队干部的陪同下，步行去困鹿山生产队。困鹿山是无量山的南段山脉，隶属于原普洱县凤阳公社宽宏大队，位于宽宏村东北方 8 千米处。虽然距离只有 8 千米，但当时没通公路，又是山间小路，蜿蜒崎岖，有的路段异常险峻，山高坡陡，峰峦叠嶂，森林茂密，平时 2 小时的路程走了大半天才到达困鹿山生产队。当时，困鹿山生产队只有 10 多户人家，种茶、饮茶历史悠久，房前屋后都是碗口粗的古茶树，树龄大都数百年。当晚，收工后的村民们吃完晚饭、喂好猪，围坐在队长家的火塘边。队长抓了一把从自家古茶树上采摘的茶叶放在火塘前的土陶罐里，先在火上煨烤至焦香味出来后，再在罐里加水，如同煨中药一样，煨至茶汤浓香时，再把琥珀色的茶水盛于大塘瓷杯里，兑上开水稀释后，分至在座每个人的粗陶盏里，大家边喝茶边开会。茶的味道浓香，喝到口里微微有点苦涩，喝了几泡后口里慢慢出现似吃过橄榄的回甘生津，满嘴甜甜的，非常舒服。我不懂茶，只知道这茶很好喝，不知不觉喝多了。晚上睡觉怎么也睡不着，头晕、四肢无力、想吐和心烦意乱。浓茶美味给人予享受，伴随而来的却是失眠，让人整夜饱受煎熬。好不容易熬到天亮，我把昨夜的情况告诉郑老师和队长，他们说是茶醉了。第一次喝困鹿山茶，经历了人生第一次茶醉。困鹿山的一天一夜，让我深刻认识了困鹿山茶，茶醉也使人刻骨铭心，终生难忘。

（常海卿：高中毕业后当兵，退伍后先后在普洱县（即今宁洱）林业派出所、县政府办、县纪委、县人民保险公司和中国人寿普洱分公司工作，已退休。）

困鹿山新村（陈发坤 摄）

第七章

困鹿山的文化及价值

第一节　困鹿山图片带来的回忆和影响

　　在我拍摄的困鹿山所有照片中，带来了更多回忆和影响的图片有两幅，一幅是困鹿山古茶园的全景图，另一幅是困鹿山祭拜茶树王的图片。图片让困鹿山走出了大山，走进了都市，走进了许多制茶卖茶和爱普洱茶人的中间，也带来了许多回忆，产生了广泛的影响。

　　困鹿山古茶园的全景图拍摄于 2006 年。我们先在古茶园里挑选了较大的一号树（地围 220 厘米）、二号树（地围 190 厘米）、三号树（地围 160 厘米）分别进行了拍摄。古茶园以大叶种为主，杂以中叶和小叶。我想拍摄一幅全景图，观察了半天，发现这幅照片很难拍，因为困鹿山的村子和茶园是在一个低洼的斜坡上，要拍摄必须找到一个高点。围绕着这片古茶园，我们在西边洼地边选择了一棵大树，等夕阳西沉光线柔和时，我和李兴昌递换着相机，交替着往上爬，等我爬到了大树最高点，一只手抱住树干，用另一只手连续拍摄了几幅"古茶林在村子中、村子在古茶林中"的照片，准备作接片用。蓝蓝的天、莽莽的林、高高的峰、翠翠的茶、炊烟袅袅的山寨、开满豌豆花的土地，构成了一幅和谐的画面。

　　这一幅全景图片最早的使用是登载在 2006 年初的《思茅日报》上，配合着《普洱

贡茶与困鹿山皇家古茶园》这篇文章。

　　同年2006年4月，普洱建好了茶源广场，举办了普洱茶街开街仪式，同时在茶源广场宣布成立了云南省普洱茶协会。在茶源广场开街活动期间，困鹿山茶场用这幅困鹿山全景图制作了大幅的宣传广告。

　　2006年5月，思茅市政府和石景山区人民政府在北京八大处举办了"北京普洱茶文化周"。为配合第五届八大处中国园林茶文化节暨思茅市首届北京普洱茶文化周宣传活动，思茅市茶产业办公室决定在北京八大处同时举办《世界茶源·中国茶城·普洱茶都》摄影展，以期更好地宣传普洱茶文化，并让我承担了此次展览的主创和策划。此次摄影展共征集了思茅市摄影家协会会员及摄影爱好者的图片数百幅，从中根据宣传内容的需要精选了近100幅，组成了五大板块：（一）普洱茶的故乡；（二）中国最大的茶博览园；（三）悠悠茶马古道；（四）少数民族与茶；（五）发扬光大普洱茶文化。此摄影展目的是，展示普洱茶博大深邃的文化，让人领略中国茶城、普洱茶都的丰采。困鹿山全景图被选中后，制作成大幅宣传画。摄影展在北京八大处公园的三处举办，在佛教文化的烘托对比中，愈发显出茶林的生态和自然的静美，令北京和外地的游客驻足观看，赞叹不已。许多人看后发出感慨，没有见过这么好这么美的茶园！有的游客拿出手中的数码相机进行翻拍，有的在展板前合影留念。

　　2006年11月，在广州琶洲举办了国际茶业博览会，我受广州茶商的邀请，参加了此次博览会，并签名售书。博览会会场入口的主道两边，一边是困鹿山茶场展区，用这幅困鹿山的全景图制作了宣传广告，另一边是勐海茶厂的展区和品鉴区。晚宴时，

困鹿山皇家古茶园

一个广州茶商给我递来了他的名片，一看是用这幅困鹿山全景图制作的，我对这个茶商说："你名片用的图片就是我拍摄的。"这个茶商伸过手来，紧紧握着我的手说："久仰，久仰！"

2007 年 4 月，举办了第八届中国普洱茶叶节暨普洱市更名庆典活动，这届茶节期间还有一个轰动全国的"百年贡茶回归普洱"活动。"百年贡茶回归普洱"的活动是从 2007 年 3 月 19 日起，陆续在全国各地举行，由 60 多人和 6 辆车组成的盛迎队伍护送故宫里珍藏的"百年贡茶"——万寿龙团，跨越北京、天津、山东、上海、浙江、广东等 9 个省（区、市），历时 20 余天，行程近万里，于 4 月 6 日回到宁洱，4 月 8 日回到云南省普洱市，回到 100 多年前普洱贡茶出发的茶马古道的源头，对普洱茶和普洱贡茶文化起到了很好的宣传效果。配合这次"百年贡茶回归普洱"活动，有一组宣传展板，巡游了大半个中国展出。在这组宣传展板中，绝大多数图片都是老照片，包括金瓜贡茶、茶饼、茶膏等，只有我拍摄的困鹿山全景图和现代哈尼姑娘采茶、制茶图被选中制作成大幅展板。普洱金瓜贡茶历经 100 多年仍然保存完好，色泽明显，世所罕见，是中华茶文化的瑰宝。"百年贡茶回归普洱"活动承载着洱茶悠久的历史和深厚的茶文化，充分挖掘了贡茶的历史文化内涵，向世人展示了普洱茶的社会经济价值，促进普洱茶从投资收藏热向健康理性的消费热延伸。

这一幅困鹿山全景图还被许多刊物和书籍采用，例如《云南山头茶》《走进茶树王

2007 年"百年贡茶回归普洱"活动中同样展出了困鹿山的照片

2007 年祭拜困鹿山茶树王

国》《普洱古树茶》等。

　　另一张是困鹿山祭拜茶树王的图片。

　　这幅图片拍摄于 2007 年 4 月第八届中国普洱茶叶节"中外名人祭拜认养困鹿山古茶树"活动。祭拜活动开始，宁洱县县长饶明勇主持了"第八届中国普洱茶节名人祭拜认养困鹿山古茶树"活动仪式，宁洱县县委书记杨亚林发表了热情洋溢的欢迎辞。当主持人宣布第八届中国普洱茶节名人祭拜认养困鹿山古茶树活动开始，40 位哈尼族汉子在成片的古茶树林下高高扬起了 40 只长号，荡气回肠的号音激荡着古茶林，接着举行了传统的哈尼族祭茶大典，70 多岁的哈尼"阿布母仳"带领哈尼族村民摆上了祭祀用品，用猪、牛、鸡、羊作为祭拜茶王树的祷告之礼，插上香，摆上酒、米、香烟等祭物，哈尼"阿布母仳"对着茶王树祈祷颂词，然后带领大家对着茶王树祭拜，三叩大礼。我抓住机会，按下快门，拍下了祭拜茶王树的经典瞬间。这是历史的一个难忘瞬间，体现了人们对自然的敬畏和尊重，凝聚了各民族人民对美好生活的向往和追求。

　　这幅照片最早登载在《普洱》杂志上，配合着《中外名人祭拜认养困鹿山古茶树》一文，用彩色刊出，令人难忘。

　　2017 年，在昆明举办的"第十二届中国云南普洱茶国际博览交易会"采用了这幅照片，并用它作为"大美彩云南·世界茶之源"明信片的封面。2017 年，是云南省实

2017年在昆明举办的"第十二届中国云南普洱茶国际博览交易会"采用了这幅照片,并用它作为"大美彩云南·世界茶之源"明信片的封面

广州芳村茶城里的茶店同样摆着困鹿山的这两幅照片

施高原特色农业现代化战略、打造"千亿云茶"的第2年。为了更好地展现世界茶源的魅力与风采,借第十二届中国云南普洱茶国际博览交易会举办之机,云南省普洱茶协会、云南省摄影家协会特联合举办"大美彩云南·世界茶之源"摄影展,并由昆明影风影像科技有限公司承办,以摄影图片为载体,文字叙述为线索,形象地展示《茶为国饮普洱养生》的云茶视觉盛宴。之后,出版了"大美彩云南·世界茶之源"明信片。我拍摄于2007年困鹿山祭拜茶王树的图片被选作这组明信片的封面。

这幅困鹿山祭拜茶王树的图片曾被报刊杂志和书籍多次选用,也被不少茶厂茶店选用。

历史的瞬间总会让人难忘。

困鹿山的这两幅图片,代表着离普洱府最近的古茶园会一直铭刻在我的记忆里,我想也会留在爱普洱、爱困鹿山的普洱茶人的记忆里。

第二节　困鹿山的诗与赋

吟普洱茶

◇ 郑家源

普洱名茶久远扬，
得天独厚更芬芳。
层峦叠翠千山秀，
水暖花馨万户昌。
细作深耕勤灌溉，
机制工巧创优良。
色香味美交相赞，
再展雄风振翅翔。

作者简介：

郑家源，祖籍南京，生于墨江，曾在墨江县联珠小学、墨江中学和普洱中学教书，离休干部，擅长书法诗词，其书法诗词作品，多收集于《翰墨传家》一书。

注：郑家源是本书作者郑立学的父亲、首届全球普洱茶"十大杰出人物"黄桂枢的启蒙恩师。

郑家源撰写的"吟普洱茶"诗

题宁洱困鹿山茶园

◇ 黄桂枢

普洱名茶不一般，
皇家贡品隐边寰。
金瓜百载银屏现，
世代传夸困鹿山。

作者简介：

黄桂枢，墨江县人，普洱市文物管理所原所长、研究员（教授）、普洱市诗词楹联协会主席、云南省书法家协会会员、普洱市书法家协会顾问、首届全球普洱茶十大杰出人物、国务院特殊津贴专家。

黄桂枢撰写的"题宁洱困鹿山茶园"

咏困鹿山古茶园

◇ 苏建华

上品茶园困鹿山，
终年雾霭绕峰峦。
皆因味美招商贾，
更为名高引吏官。
艺界曾欣求展演，
农家亦喜作宣传。
天公赐予摇钱树，
代代殊珍举世瞻。

苏建华撰写的"咏困鹿山古茶园"

作者简介：

苏建华，男，汉族，1953 年生，云南省普洱市宁洱县人。大学中文系毕业，文学学士。曾任普洱县委书记、江城县委书记、临沧地委副书记、云南省文史研究馆副馆长、巡视员，《云南文史》主编，西南林业大学诗书画研究院执行院长。现任中国诗书画研究会云南分会常务副会长兼秘书长、诗歌研究院院长、云南民族茶文化研究会副会长。云南诗词学会会员、云南书协会员。主编《云南当代诗词选》。已创作格律诗千余首，出版诗集多部。书法、诗歌作品曾多次参加省展、国展并获奖。书法作品被日本、加拿大、法国、智利等国的相关单位收藏。

为郑立学、陈玖玖《困鹿山》而作

宁洱困鹿山

◇ 姜孟谦

莽莽苍苍困鹿山，
红尘未染自天然。
峰高地险难看探，
水急林深行路艰。
朝贡茗园依寨落，
野生茶树共乡关。
一从普洱名天下，
商旅如潮尽笑颜。

咏困鹿香茗

◇ 姜孟谦

无量南来瑞气藏，
一支余脉蕙兰芳。
千峰雾绕云深秀，
万木葱茏水激扬。
老号春芽含雅韵，
新牌佳茗媲班章。
金黄沉实色清亮，
困鹿甘醇脱俗香。

★困鹿，山名亦茶名，普洱茶中一品牌。

作者简介：

姜孟谦，墨江县人。原普洱市建设局正处级调研员。现为中华诗词学会会员、云南省诗词学会理事。

殷千红七律两首

七律·困鹿山

◇ 殷千红

御园涧月碧云遮，
野鹿难驰万里赊。
古木散花迎远客，
神农尝草到天涯。
应怜篱外遄征马，
只为山间待诏茶。
太后杯中谁作宠，
一芽入水化丹霞。

七律·困鹿香茗

◇ 殷千红

叠翠层峦瑞气藏，
皇家茗苑蕴兰芳。
枯藤老树淘金粟，
岩韵芝华煮杏汤。
往昔名儒多美誉，
而今雅士尽瑶章。
半轮明月千秋照，
困鹿冲开万古香。

作者简介：

殷千红，1959 年 11 月出生于云南，大学本科毕业，在职研究生。曾任高级工程师、总工程师、集团公司助理总监、师范大学兼职教授。作为项目主要负责人之一，曾完成国家发改委、国家旅游局科研及产业化项目。曾多次获得冶金工业部、建设部优秀工程设计和项目奖，并获得四川省科技进步二等奖。爱好文学、历史、军事等。近年开始创作诗词，作品散见于互联网。

五律·困鹿山皇家古茶园

◇ 王运德

茶园风滴翠，
人道是皇家。
脚底飞云彩，
山头摘玉芽。
香甜奉帝子，
异韵乐宫花。
名气何其远，
京城富贵夸。

困鹿山踏青两叠韵

◇ 王运德

其一

踏访茶园上岭颠，云轻水秀看山川。
茶农浅唱润春色，杜宇高歌动九天。
古道灵芽逢雨露，皇家老树绕青烟。
乘风行罢意难收，又寄新诗到粉笺。

其二

老夫聊发少年颠，一路疏狂走碧川。
马困危峰迷古道，猿鸣古树看蓝天。
农家竹下品新绿，东岭篱边赏紫烟。
阅过群山红烂漫，更将随想记花笺。

作者简介：

王运德，男，汉族，1955 年 3 月生，山东省定陶县人。毕业于云南大学党政专业。1974 年入伍，在部队服役 19 年，历任战士、保管员、文书、司务长、干事、秘书、分库主任职，正营职，少校军衔。1993 年转业，在宁洱县法院系统 23 年，历任书记员、助理审判员、审判员、政工科长兼纪检组长、政治处主任职，后享受副处级待遇。有多篇论文在省军级获奖，在国家和省市级刊物上及网上各论坛发表诗词 1000 余篇（首）。书法作品曾在全国法院系统获优秀奖。现为中华诗词学会会员。

访困鹿山皇家贡茶园

◇ 谭思哲

裁云穿雾沐春霖，
怜抚仙芽绿染襟。
一碗松风清倦闷，
皇家园里遇知音。

茶园开采春茶

◇ 谭思哲

催春布谷唤人忙，
贡茗园中聚客商。
背篓茶娘心手巧，
摇钱树上采韶光。

作者简介：

谭思哲，男，汉族，大学本科学历，中学高级教师。云南省宁洱县职业中学退休老师。现为中华诗词学会、云南省诗词学会、云南省楹联学会会员。

赞困鹿山

◇ 杨恒莘

魂牵梦萦困鹿山，
古树新芽绿满岗。
细叶皇后味甘醇，
香茶普洱赛琼浆。

作者简介：

杨恒莘，籍贯云南普洱，1949年9月20日生于昆明，1968年普洱中学高中毕业。1969年3月参加工作，先后在普洱县宣传队、思茅地区文工团工作，1973年10月调普洱中学教书，任初中班主任，教初中数学、生物及音乐，1982年8月调普洱县直属小学，1984年12月参加云南省教育学心理学考试，成绩合格获中师毕业证书，后评定职称为小学高级教师。多次被评为县级先进教师、工会积极分子、优秀少先队辅导员，多次荣获地县级音乐教师、优秀辅导教师奖，1989年荣获云南省首届中师中小学音乐教育园丁奖，1998年被评为云南省中小学优秀音乐教师。2003年退休，退休后加入普洱市诗词楹联协会学习创作诗词楹联作品。

注：杨恒莘是本书作者郑立学的夫人。

困鹿山

◇ 郑海巍

山居岁月长，
云岫映霞光。
鹿隐翠烟畔，
燕衔新蕊忙。
闻香知雅意，
啜饮醉流觞。
古道兴亡事，
烹茶话寻常。

作者简介：

郑海巍，男，汉族，1975年11月6日生于云南省普洱县（现宁洱县），生于普洱，长于普洱，1992年普洱中学毕业后考入浙江大学光电技术与光学仪器专业学习。1997年参加工作，先后工作于多家计算机软件企业，从软件工程师到总设计师，主要负责信息化项目的管理、需求分析、应用设计、开发实现、后期维护等一系列工作，涉及医疗、质检、烟草、电力、通信等行业。因为出生于茶文化世家，在父辈的引领下，专注于普洱茶相关文化的研究，并获得国家一级评茶员职业资格，2017年创立云南御普茶业有限公司并担任总经理，立志将普洱茶作为个人的终身职业，秉承"御品天下·普洱茶源"的理念，传承文化，开拓产业。

注：郑海巍是本书作者郑立学的长子。

走进困鹿山

◇ 傅礴

我要驾一朵祥云而来
去采到你的青枝绿叶

我要随一阵雨水而过
去拥抱你的一缕清香

你忘记了么
我们五百年前的情缘

我就是那个披着簑戴着笠
在这里拓荒归去的少年

如今
你年年结满的果子
像一颗颗多情的泪水
和思念的风
迎着我的跫音一起动情婆娑

作者简介：

　　傅礴，云南省普洱市宁洱县勐先镇人。大学文化，曾任宁洱县文体局长、发改局长、县委常委、办公室主任、宣传部长。现任普洱市青少年文学创作学会会长。在《中华诗词》《中华辞赋》《星星诗刊》《中国校园文学》《边疆文学》《诗歌报》《现代青年》《西部散文选刊》《云南日报》《普洱日报》《中国诗歌网》《诗歌中国》等刊物和网络平台上发表作品 1000 余首（篇）。创作歌曲《燃烧的火炬》《贡茶小镇，我们的家》等 20 余首。作品多次获奖，入选多部选集。

为郑立学、陈玖玖《困鹿山》而作

普洱茶赋

◇ 彭　桓

世界茶源，云滋雾润；国之大饮，爽适无伦。

江水澜沧，际天而降；妙然嘉木，壶润茶香；班冰昔曼[1]，茗星璀璨；吾独优赏，馈我上苍。皇天秀泽，后土糅萌；熠熠灵芽，洮洮神农；景迈翠羽，翩若惊鸿；漫江碧透，婉若游龙。

紫薇何以艳夏，山菊何以荣秋；古滇何为荟萃清雅，京苑何故难植蛮茶[2]。

君不见仙浆玉露，瑞贡天朝[3]；鳞集紫禁，倾国妖娆；瓯盏翠涛[4]，风靡王道；上有所嗜，下必甚嚣。皇亲国戚，玳筵椒浆[5]；京城嫁婆，僻壤婚丧；解羌藏之牛羊腻膻，释王公之嘌呤代谢；滋草庐予粗茶淡饭，醒酒徒于昏寐榻酣。

于兹兮苦涩鲜甘种种，莫不瓯陈于斯；淋壶香烈炫弄，骤暖青阙丹宫。活水复其苏，幽幽青茶青悠悠；盖碗圆其梦，荣荣绿叶绿融融。

于是乎车里易武，辐辏八方；庄号蔚起，坐贾行商；日进斗金，盆盈钵满；驿路铓锣，跌死拚栈[6]。盐茶万驮咪哩王[7]，五花牲灵走佛海[8]；西部马仔下坝子[9]，千金散尽还复来。

古树班章，绸糯喉韵回甘；潜沸瑶琴，素叶婆娑起舞；腾沫锦瑟，银毫雀跃留香；茶气霸道，不可一日君忘。

卢仝七碗[10]啜冰岛，两腋风清似天骄；斗茗咬盏雄豪趣，倾尽琥珀赛花雕。

昔归泠然[11]，曼妙龙芽凤草；露兄[12]戏水，汤色鹅黄玉貌；兰慧润之，须臾物我两忘；风籁耳谋，莺啭律风多娇[13]。

曼松举袂无穷碧，先春玉裁美罗衣；我看青茶似佳丽，青茶誉我颜如玉。

余生无量，幼啜琼浆；思普宁洱，鸟道茶庵；宽宏妙姬，条索清爽；月润胴体，华色含光；飘飘霓裳，轻裾风还；飒飒青羽，不待饰妆。回眸笑，乱心神，绿旋风，惑皇城，欲把困鹿比西子[14]，从来佳茗似佳人[15]。

尧帝幽蝉[16]，禅茗开启；人潜草木[17]，安卧天玑[18]；明白句句，霖雨[19]渐渐；德厚[20]袅袅，茶工依依。遇知己，乘槎海上来[21]；酬唱和，飞锡云中至^㉒；勾魂汤，发小同享妙玥^㉓，水自流，生命在于感觉。

金乌西坠荷锄归，玉兔东升酽友催；珍茗会友趁年华，班冰昔曼困鹿茶。桂枢公，青花瓷，立学君，宜兴紫，正鹋兄，盏莫停，老秀才^㉔，涤烦子^㉕，孟谦风雅温润玉，景迈茶人吃茶去^㉖，吃一个晴空丽日丹丘子^㉗，喝一个舌底鸣泉夤夜^㉘方休少年俱。

古塚幽魂，托梦予钱，馈银十万，玄之又玄^㉙。以水为师，茶道至简^㉚；以茗为是，神妙求焉^㉛。

注：

①"班冰昔曼"为澜沧江流域四大片区名茶：勐海县布朗山"班章"普洱茶；双江县勐库镇"冰岛"普洱茶；临翔区邦东乡忙麓山"昔归"普洱茶；勐腊县象明乡"曼松"普洱茶。

②蛮茶：南方所产茶叶。

③瑞贡天朝：钦赐"易武车顺号"御匾。

④瓯盏：饮茶用的敞口小陶盂。

⑤椒浆：《本草纲目》选花椒37粒、东向侧柏叶7枝入酿，也称"椒柏"酒，侈列宾筵之品。

⑥拚（pàn）栈：人拚命、马拚栈。

⑦咪哩王：元江府咪哩村李和才，其马队为五匹"一把"，五把"一帮"，从"头帮"到"五帮"，每二十五匹一个色，五帮骡马有雪白色、枣红色、炭黑色、藏青色、灰花色。

⑧佛海：车里、佛海和南峤，今西双版纳州部分地区。

⑨下坝子：泛指今西双版纳州部分地区。

⑩卢仝七碗：见唐代"茶仙"卢仝《七碗茶诗》。

⑪泠然：清和。

⑫露兄：中国茶文化典故。北宋书法家米芾称"茶者甘润，即为甘露之兄"。自此"茶"即"露兄"。

⑬风籁耳谋：微风与耳交流。莺啭：茶水轻沸若空谷莺鸣。律风：天地之气合以生风。

⑭困鹿：普洱市宁洱县宽宏村困鹿山普洱茶。

⑮从来佳茗似佳人：[宋]苏轼千古佳句，喻"茶如佳人"。

⑯尧帝幽蝉：蝉通禅。蝉蛹在地下度过其一生中的三五年或十余年后羽化飞天，生命轮回而万变不离其宗。尧帝乃"禅事"创始人，他以"蝉之生命轮回"

提出"帝位禅让轮回";尧帝逝，印度佛教借"禅"之概念传播，终成"因果轮回"教义。

⑰人潜草木：草、人、木即"茶"。

⑱天玑：北斗七星之第三颗，尊为"禄存星"，主理天地财富，喻"财富之星"。

⑲霖雨：连日时雨，喻恩泽之甘霖。

⑳德厚：二十余年来，普洱市"德厚茶庄"庄主朱句白以茶办厂、养残23年，扶养茶工二十余名。

㉑乘槎海上来：槎，木筏。茶乃灵物，乘木筏从道家蓬莱仙山而来。

㉒飞锡云中至："飞锡"，释家用语。修成正果并在西天得道之僧，其往来多乘"锡杖"飞行。茶乃灵物，乘"飞锡"从佛家清净之地而至。

㉓玥：太白金星命名的天赐君王之神珠；寓指"玥树茶庄"庄主彭洪浩之"玥树"茶品牌。

㉔桂枢公等多句：黄桂枢，墨江县人，普洱市文物管理所原所长、研究员(教授)、普洱市诗词楹联协会主席、云南省书法家协会会员、普洱市书法家协会顾问、首届全球普洱茶十大杰出人物、国务院特殊津贴专家。郑立学：云南省民族茶文化研究会专家智库专家、中华普洱茶博览苑普洱茶文化顾问、普洱茶文化研究会副会长、云南省作家协会会员、2022年入选《云南茶界名人录》，著有《探秘普洱茶乡》《故土茶缘》《人文普洱》《光影普洱》《自然普洱》等书籍。国正鹍：普洱市茶叶协会原副秘书长。老秀才：普洱市"玥树茶庄"庄主彭洪浩。姜孟谦：中华诗词学会会员、云南省诗词学会理事、昆明"'信茂杯'班冰昔曼品茗大赛"冠军。景迈茶人："景迈茶人之家"庄主付斌。以上朱句白并诸君谓之"普洱茶'茶饮墨江七君子'"。

㉕涤烦子：唐诗人、道学家施肩吾的《句》"酒为忘忧君，茶为涤烦子"，喻饮茶洗涤烦恼。

㉖吃茶去：中国茶文化典故。在河北赵州观音院柏林禅寺"禅茶一味"碑记以"新到吃茶，曾到吃茶，若问吃茶，还是吃茶"十六字加以概论，言赵州观音院以茶待人之禅心。

㉗丹丘子：仙家、道人之统称。亦是在古诗文、"茶圣"陆羽《茶经》中最早记载的道家人物。陆羽虽自幼由禅院收养，但在《茶经》中引据"中国茶文化典故"时，道家用典占九，佛家用典为一。足见道家文化是我国古代思想文化的重要源流之一，为我国传统文化之根基。

㉘黄（yín）夜：深夜。

㉙古塚幽魂等四句：陆羽《茶经》引据中国茶文化典故：剡县陈务妻携二子守寡，喜茶。院内一古墓，其饮茶必先奉祭一杯。二子忧虑：一古墓何知，勿费神，欲刨之。母之苦劝保全。母夜梦，古塚幽魂曰："吾宿此墓三百余载，承蒙庇护，且好茶奠祭，吾潜壤朽骨，然感遇图报。"倏然醒，院内见旧线贯之新币十万贯。母告知，二子惭；遂每日郑重奠祭。

㉚至简：用一两句话明理。即"真传一句话，假传万卷书"。

㉛神妙求焉：自有茶道修为，还稀奇什么"神遇"呢。

作者简介：

彭桓，男，1953 年生，河南南阳人，墨江县小毕业。水泥工人、建筑工人。国家自学考试云南师范大学本科、普洱学院中文系古典文学教师、屏边县人民政府原副县长、政协云南省第十届副秘书长、民革云南省委第十届专职副主委。

诗赋有《天壁男子汉歌》《东大陆赋》《墨江赋》《碧朔赋》《豆沙关赋》《石羊赋》《八百年蒙自大赋（并序）》《滇越铁路赋（并序）》《国民革命军陆军第 60 军（滇军）台儿庄禹王山阻击战阵亡将士墓志铭》；史料性长篇叙事小说《地中海漂来的金桥》《文化线路遗产——滇越铁路影像志》；另有《彭桓自传／朝圣之路》《彭桓文集／渔舟唱晚》。

第三节　困鹿山的画

困鹿山茶树王（毛良）

作者简介：

　　毛良，字昌林，辛卯年生，滇南普洱市威远人氏，毕业于中央文化管理干部学院。历任景谷县文化馆馆长，景谷县文化局局长、文联主席，普洱市文化馆馆长，普洱市书法家协会副主席，美术家协会副主席，云南省书法家协会第四届理事，普洱市文化馆副研究馆员。现为云南省美术家协会会员，普洱书画研究会名誉会长，普洱市书法家协会、美术家协会顾问，普洱市老年国画研究会顾问，普洱市关心下一代委员会"五老"成员，普洱市美术馆艺术顾问。

　　毛良生活在民族歌舞之乡，自幼喜书习画，对书画艺术情有独钟。从事民族文化工作40余载，在民间艺术的滋养和熏陶中成长，浸润其翰墨之中，得其神韵，挥洒间，书写对自然和人生的追求和未来的憧憬，表达对家乡和民族文化之真情，也是坦荡心胸的自然流露，淡然处世的真实心声。曾多次参加全国、全省市级书画作品展览并获奖，书画作品被多个艺术单位和部门收藏。曾举办过个人作品展，组织举办过上百次书画培训班，培训学员上千人次。

困鹿山古茶（周庆明）

作者简介：

　　周庆明，男，1973 年生，云南省普洱市宁洱县人。现供职于普洱市宁洱县林草局，中国西部散文学会书画院院长，深圳共享艺术书画院特邀艺术家等。曾任宁洱县书法家协会主席、宁洱县美术家协会顾问、宁洱县作家协会（水湾文学社）副主席（副社长）等。书法作品在全国"兴华"杯书法大赛中获三等奖，"二王"杯书法大赛中获优秀奖，开封苏富比艺术发展中心书法展优秀奖，普洱市二届、三届群众艺术"茶花奖"入展等。书法作品于《中国西部散文选刊》《云南教育》《普洱日报》和《天涯诗刊》等刊发，内蒙古鄂尔多斯德昌博物馆收藏。应邀为"二龙山碑记""古府贡茶小镇"和"困鹿山人家"等题写碑文。文学作品多次获奖，在国家文物局编辑出版等书刊中公开发表研究普洱府文化成果 30 余万字。

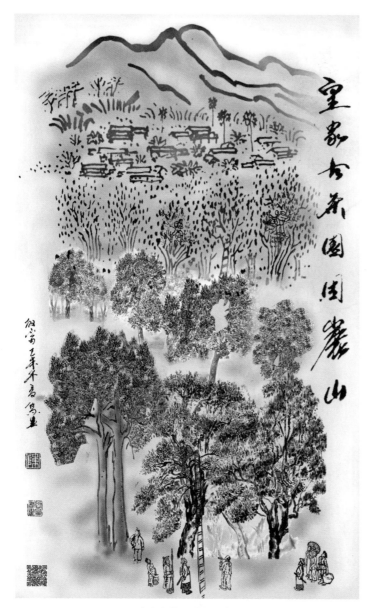

皇家古茶园困鹿山（陈启富）

作者简介：

陈启富，艺名：南林山人，汉族，普洱市宁洱县人，大专文化，副研究馆员。现为中国建筑学会壁画专委会会员，国家一级美术师，中国书画名家数据库入库画家，中国美术家协会云南美术家分会会员，中国国画家协会会员，全国名人书画艺术界联谊会会员，中国艺术研究院特聘荣誉书画师，海峡两岸艺术交流大使，获廖静文女士签发 ISQ9000A 证书"中国国画家"称号，普洱古府书画艺术研究院院长，宁洱县美术家协会名誉主席。

代表作：巨幅国画长卷《普洱府秋集图》，被"中国经济网"誉为：茶马古道上的"清明上河图"，长18米，宽1.4米，"中国新闻网""雅昌网"等数百家网站均有转载报道。千余册《普洱府秋集图》画册、高仿真百余件，被国内外博物馆、收藏家、单位、爱好者收藏。作品多次参加全国大展并获奖，先后被收编入国内外名录和大型画册杂志50多本。

山泉奔流 云托家乡（杨恒敏）

作者简介：

杨恒敏（杨蔼酩），女，汉族，生于 1943 年 10 月，云南省普洱市宁洱县民安村那杭大寨人，普洱市思茅区制药厂退休职工。中国老年书画研究会会员，全国卫生部书画协会会员，云南省老干部书画协会会员，普洱市老年诗书画协会常务理事。作品多次在省（区、市）有关书报刊登并展出。2005 年，绘画作品在"全国电视书画大奖赛"中荣获佳作奖，在纪念"毛泽东同志诞辰 120 周年"书画展中荣获特等奖，在全国纪念"抗日战争胜利三十五周年"大奖赛中荣获三等奖，在中国书法美术家协会"国魂国艺"奖评选活动中荣获"国魂"奖，作品《老普洱古城阁》在"全国普洱茶马古道古城图"大赛中荣获佳作奖，2010 年，在书画研究院荣获特等奖。

困鹿山茶树王（范瑞）

作者简介：

　　范瑞（困鹿公主），彝族，宁洱县宽宏村人，毕业于云南艺术学院。现为普洱中学高级美术教师，云南省美术家协会会员，普洱市美术家协会常务理事，普洱市美术家协会水彩艺委会副主任，普洱市青年美术家，全国中小学百佳艺术教育杰出个人，云南省中学美术骨干教师，宁洱县第九届政协委员，宁洱县家庭教育讲师团讲师，本土匠人、茶艺师。第六届、第七届中国水彩（国际）高研班和日本新泻国际水彩高研班结业。多次参加国内外展览及研修写生，多幅作品获奖并被有关机构及个人收藏。

第四节　困鹿山的歌

茶之源

朱俊东曲
李兴昌词

1=C 4/4

高亢、抒情

(5 5 - - | 6̇5 3. 1̇6 | 6 - - - | 5 5 - - | 6̇5 3 2. 1̇ | 1̇ - - -) |

5 5 - - | 5 5̇6 1. | 6 | 2 - - - | 5 5 - - | 3̇3 2 1. | 6 | 5 5 - |

哎哎，　　无量山　　哟，　哎哎，　　连着那困　鹿山，

‖: 5 3 5 6 1̇0 0 | 2̇2 1 6 5 6 0 0 | 1̇6 1̇2 1̇3 2. | 1̇2 5 5. | 5 - | 6 5 3̇0 0 0 |

盘古开天地，　神农　种木禾，　大叶茶从这里，撒四方哎，　云茫茫，
千年古茶树，　在那　林中长，　吸收千年精华，散茗香哎，　茶浓浓，

2̇1 6 0 0 0 | 5 6 1̇ 2̇ 1̇6 | 1̇ - | 3̇3 3̇3 3̇3 3. | 2̇2 1̇6 0 0 | 2̇2 2̇2 2̇2 2̇2 |

路弯　弯，　困鹿山是我家乡。昔日皇家茶园，漫道雄关；山村里的作坊，
悄芬　芳，　困鹿山是我家乡。今日生态飘香，传播四方；山村里的凤凰，

1̇6 3̇2̇0 0 | 1̇2 5 5. | 5 3̇2 1̇6 0 | 2̇2 2̇2 2̇2 2̇2 | 1̇6 3̇2̇2 - | 1̇2 5 5. |

贡茶芳香。　困鹿山哎，　困鹿　山，你是我的家乡，我的家乡，　困鹿山哎，
飞出大山。　困鹿山哎，　困鹿　山，你是我的骄傲，我的自豪，　困鹿山哎，

6̂ 3̇2 1̇6 0 | 2̇2 2̇2 2̇2 1̇ 2̇0 | 1̇2 3̇ 2̇1 i 5 5 | 5 - - - | 5 6 3̇. 2̇ | 1̇ - - - :‖

困鹿　山，普洱茶从这里走向，走向四面八方，　　走向四　方，
困鹿　山，普洱茶从这里走向，走向四面八方，　　走向四　方。

曲作者简介：

　　朱俊东，男，哈尼族，1982年生，籍贯云南省宁洱县。中共党员，普洱市音乐家协会会员。现任宁洱县文化馆馆长。

词作者简介：

　　李兴昌，男，哈尼族，宁洱县宽宏村人。原宽宏小学教师，普洱金瓜贡茶技艺传承人，普洱茶云南首席技师，普洱大国茶匠。

第五节　困鹿山的八大价值

　　困鹿山过去是一个藏在深山人未识的、贫穷落后的小山村，进入 21 世纪，尤其是近 10 来年，已经实现了飞跃发展，成为了远近闻名的新农村，在普洱茶界成为了后起之秀的翘楚，困鹿山也有了一定的品牌效应。纵观困鹿山进入 21 世纪后的发展变化，实在不容小觑。困鹿山经过多年的打基础、寻发展，一点一滴地改变了贫穷落后的面貌，到如今，困鹿山的变化从各个方面体现出了八大价值，即独特诱人的品饮价值、稀有的科学研究价值、厚重的历史文化价值、红色的革命精神价值、丰富的旅游体验价值、绿水青山的生态价值、持续发展的经济价值、乡村振兴的示范价值。

独特诱人的品饮价值。 从普洱茶科学的定义来说：云南省境内适合云南大叶种茶栽培和普洱茶加工的区域，为东经 97° 31′ ~105° 38′，北纬 21° 10′ ~26° 22′ 的区域。普洱茶产地地处低纬度、高海拔，茶园主要分布于海拔 1000~2100 米、坡度 ≤ 25° 的中山山地。困鹿山古茶园就处于这样一个地理位置。目前，困鹿山古茶园有人工栽培型古茶园 600 亩，生态茶园 3800 余亩，野生茶群落面积 2000 余亩，地跨宁洱镇、磨黑镇两地。困鹿山茶越来越被人们认识和喜欢，这主要是困鹿山满足了出产好茶的基本条件：①困鹿山处于普洱茶主产区的中部位置，在无量山的南段，北回归线附近，是出产好茶的最佳纬度；②同时，还处在好茶生长的海拔

普洱民族团结园（许时斌 摄）

1300~1800 米的高度，实现了空气清新以及茶树生长需要散射光的要求，满足了高山云雾出好茶的条件；③远离城镇和大的村落也就是远离了工业污染和生活污染；④生态环境十分良好，绿水青山造就了困鹿山茶的高档品质；⑤困鹿山古茶园树龄大多在 500 年左右，并且高大挺拔，集中连片，生长态势好；⑥困鹿山古茶独特的品质、口感除得益当地的土壤条件外，还是混种的品种。困鹿山有独特的品种，这里有普洱茶大叶、中叶和小叶，并且小叶比例占了近三分之一，这些独特的品种是任何一个茶区都没有的，独特的茶树品种使得困鹿山茶具有独特的口感、滋味和品质。乔木小叶茶十分难采摘，但香型独特，因此成就了困鹿山茶香气淡雅、入口醇和、滋味独特、生津回甘、持久韵长的特点，口感的综合感和协调性都很好。

稀有的科学研究价值。困鹿山的科研价值体现在几个方面：一是，困鹿山茶园，就目前考察认定的，其中有野生型、栽培型，近年还发展了许多有机茶园，所以，这是一个范围不是很大但类型多样且丰富的茶园，具有科研考察价值。二是，按普洱茶定义，普洱茶的原料来源必须是云南大叶种茶，但在困鹿山，如果按茶叶叶面积大小分，可以分为大叶茶、中叶茶、小叶茶。在海拔 1600 米的困鹿山老寨旁，有树龄 500 多年的大茶树近 400 棵，属大叶、中叶、甚至还有小叶混种，并且小叶比例占了近三分之一，但都属栽培乔木型。其中一株被誉为"世界小叶种茶树王"的古茶树，树高 9.76 米，基部丛围 230 厘米，有八个分支。所以，单就茶树的品种来说，就有极高的科学研究价值。三是，有的专家还在困鹿山古茶园里发现了叶型独特的大叶茶种，这些都有待考察论证。四是，困鹿山是早期茶树品种沿澜沧江东岸传播过程的一个分水岭，无量山向南的西双版纳州和澜沧江西岸的澜沧等地的大茶树品种相对较纯，大茶树的小叶

磨黑中学——云南省爱国主义教育基地

电影明星杨丽坤故居

极少，所以具有极高的科研价值。

厚重的历史文化价值。 厚重的历史文化主要包括了普洱府文化、贡茶文化、普洱茶文化、民族文化等。中国的茶文化源远流长，历来备受重视，历代朝廷都会把茶叶定为贡品，普洱茶是最后一个进入贡茶系列的茶品，普洱茶独特的品质使它一跃成为最受宠的茶品，不仅皇室享用，还作为国礼。清朝皇帝个个喜欢普洱茶。清雍正七年（1729 年），朝廷设立普洱府，鄂尔泰申请朝廷在普洱府址所在地宁洱县建立了普洱贡茶厂，为皇室提供普洱茶贡品，把制好的人头茶、芽茶、茶膏运去北京，进贡到皇宫里去。因困鹿山与普洱府衙很近，又多有大茶树，被清政府钦定为皇家古茶园，距今有近 300 年历史。贡茶的采摘和制作均由官府派兵监制，秘而不宣，鲜为人知，所以，具有特殊的历史文化价值。2008 年 6 月 7 日，宁洱县"普洱茶制作技艺·贡茶制作技艺"被国务院公布为国家级非物质文化遗产。所以，困鹿山古茶园承载着一段特殊的历史文化价值。

红色的革命精神价值。 宽宏具有革命传统，"土地革命"时期就有人加入中国共产党，后来一直是地下党活动频繁的地方。困鹿山的老主人李铭仁于 1929 年逝世后，困鹿山古茶园和宽宏学校就由其子李育清管理。李育清青年时期外出学习，曾就读黄埔军校，毕业后任国民革命军第三军（滇军）连长，参加了北伐战争。"蒋、汪"先后叛变革命，李育清就参加了湖南"郴州暴动"，后到江西苏维埃红军大学学习，1927 年，任工农革命军第六纵队队长，加入了中国共产党，参加了八一南昌起义。1929 年初，组织上安排李育清就料理父亲丧事、承继家业之机，回家进行革命活动，是普洱市"土地革命"时期入党的 18 位共产党员之一，排序在第九位。宽宏村不论是在抗日战争时期，还是在解放战争时期，都留下了一桩桩一件件可圈可点的真实故事，所以说，这里保留并发扬着红色传统的精神价值，这种精神就是不屈不挠、一往无前的奋斗精神。

　　丰富的旅游体验价值。困鹿山是离普洱府最近的古茶园。如果把困鹿山、宁洱镇、磨黑镇连接成一条闭合的旅游环线，在这条闭合的旅游环线上，可以享受到丰富的旅游体验。首先，在宁洱镇可以参观普洱民族团结园，了解 26 个民族如何剽牛盟誓一心一意跟着共产党走的，还可参观古普洱府遗址。其次，在磨黑镇可以参观云南省爱国主义教育基地磨黑中学，了解出生在磨黑镇的著名影星杨丽坤和全国英模张培英，参观杨丽坤故居，认识了解磨黑井的岩盐文化。第三，体验最古老的官马大道和藏马大道的茶马文化。第四，一路还可观赏官坟箐古茶园、扎罗山古茶园、新寨山古茶园和困鹿山古茶园。第五，在宽宏可以参观宽宏百年新学的创办人李铭仁大墓，通过村子里的一棵棵大榕树，了解佛教文化、傣族文化和榕文化的历史和影响，通过这些深入探讨民族迁徙历史。第六，体验森林文化和物种多样性。第七，了解宽宏村的红色文化。在不太长的闭合旅游环线上，花较少的时间，即可享受到丰富而多层次的旅游体验。

　　绿水青山的生态价值。困鹿山处于无量山的南段，这里也是无量山的主脊线，无量山最高点在景东，第二个高点就在宁洱、镇沅和景谷三县交界的地方。这条主

困鹿山大榕树，体现了傣文化和茶文化的结合

困鹿山秘境之旅（许时斌 摄）

梦幻般的原始森林（许时斌 摄）

绿水青山就是金山银山（许时斌 摄）

脊线是至今森林保护得很好的一个地方，生态系统完备，森林茂密，植被丰富，物种多样，这里还是红河水系和澜沧江水系的分界线。无疑这里体现的就是青山绿水的生态价值。

持续发展的经济价值。进入 21 世纪以来，困鹿山茶的知名度越来越高，茶叶的价格每年都在涨，已形成一定的品牌效应。尽管普洱茶几次出现了低谷，但困鹿山茶的价格一直处于逐步上涨的态势，从没有低落。其价格已经比肩班章、曼松和冰岛，顶级的困鹿山茶变得一斤难求。困鹿山茶为当地创造了较好的经济价值，为茶农脱贫致富奔小康，提供了很好的条件。困鹿山村民小组已经步入幸福的新农村。

乡村振兴的示范价值。困鹿山从一个贫穷落后的小山村变成了远近闻名的新农村，这里边有必然的因素，有特定的原因，但总的说，离不开党和政府的扶持和帮助，离不开大家的努力和奋斗。如今的困鹿山具有乡村振兴的示范价值。

写作《困鹿山》 只因一个 "缘"

经历告诉我，世间许多的人和事都是一种缘分，有缘就会相聚，无缘想聚也难。

缘分这个东西，可遇而不可求，而一旦有缘了，就会始终不离不弃，冥冥之中就会联系在一起。你不可能一刻不离地守望着她，而一旦有些人和事与她发生关联了，就一定会想到她，再去寻找到她，而她始终在那里静静地等待着你的到来。

困鹿山与我就是命定的一种缘分。从 1976 年第一次上困鹿山开始，已有 47 个年头近半个世纪了，20 世纪 80 年代和 90 年代都有上去，随着普洱茶热和古茶山热，越往后，上困鹿山的次数就越多。写困鹿山，拍困鹿山，收藏困鹿山茶叶，在困鹿山开展各种普洱茶事活动等，困鹿山与我结下了近半个世纪的缘分。

第一次上困鹿山那是 20 世纪 70 年代的事了，似乎已经很遥远很遥远了，记忆里留下了岁月斑驳的痕迹，许多细节因久远而蒙上了时间的尘埃，但困鹿山和困鹿山茶留给我的深刻记忆永远不会消失。那是 1976 年 4 月的一天，当时我被普洱县委抽调参加县路线教育和农业学大寨工作队，分配到凤阳公社昆汤大队（即现在的村）。昆汤大队属于贫困山区，与困鹿山同处于无量山脉的一条山脊线上，看起来很近。到昆汤大队后，听说了困鹿山，听说了困鹿山古茶园，听说了困鹿山古茶树的茶很好，过去是用来上贡的，懂行的普洱人送礼都会采用困鹿山茶。于是，我就萌生了一定要去困鹿山看一看的想法。当时，昆汤大队有三个优秀的下乡知识青年李祖宁、马燕和张晓红，他们是主动要求从城里到最艰苦的地方锻炼而来到昆汤的，住在大队部所在地的大平掌生产队（所谓大平掌就是大山头上的一小块平地而已）。我和这个知青户唯一的男生李祖宁商量好，利用考察宽宏建小水电站的机会用一天时间去看看。那时，困鹿山没有公路，就连宽宏都还没有通公路，我俩就沿着困鹿山南北延伸的山脊线，按照社员指给的方位，找到一条打猎人、采药人走的林间小路往北走，因很少有人走，路都被杂草掩盖着，必须拨开树枝和草丛迂回穿行，实在不好走，坡坡坎坎，走了大约 4 个多小时，顺着一个山箐往上爬，快到困鹿山生产队时，一群背上有花点的小猪很快跑进树林里不见了。后来得知，这是家猪和野猪杂交的。进了困鹿山，只看见在一片山凹里，稀稀疏疏分布着七八户人家，房屋有茅草房，也有褐色的瓦房，墙面都是土坯（普洱人称为"土基"），小村子前面是一片平缓的黄土地，土地已经翻垦过了，但还没有栽种，在这一片黄土地中分布着一棵棵大茶树，正值春茶发芽时，一棵棵大茶树上绿色的嫩芽和黄色的土地形成了一种鲜明的对比。我们在困鹿山过了一夜，晚上在困鹿山薛队长家吃了腊肉煮豌豆，第一次喝了困鹿山茶，此茶果然名不虚传，香甜回甘，韵味无穷，给我留下了深刻的印象。第二天下山后，到了宽宏，约见了回乡知青李兴昌，他于20世纪70年代初从普洱中学高中毕业后回到家乡宽宏村，一心一意想改变家乡的面貌。

一同走路到困鹿山的李祖宁返城参加工作后，曾任过普洱县统计局长、县物资局书记、县纪委副书记，2010年，从宁洱县纪委退休。对这次困鹿山之行，他也印象深刻，写了一篇回忆录。为了印证，我把这篇回忆录收录在本书第六章第五节"结缘困鹿山"。

第二次上困鹿山是20世纪80年代。那时我到了普洱县林业局工作，1984年，局里派我和刚从部队转业分配到普洱县林业派出所工作的常海卿到宽宏片区宣传林业政策，第二次上了困鹿山，我们骑摩托到了西萨，再走路到宽宏大队（当时普洱全县仅有2辆幸福摩托车，分属县邮电局和县林业局）。宽宏大队1981年通了公路，但到困鹿山生产队还没有通公路，必须走路上去，2个多小时的山路我俩走了大半天。到了困鹿山，村民们出工去了，我俩绕着一棵棵古茶树看，茶树高大，应该有好几百年的时间了。看完茶树，然后爬到村子旁的野生杨梅树上摘小杨梅吃。待到村民傍晚收工回来，吃过饭喂好猪，晚上，围坐在队长家的火塘边，边开会边喝茶。队长抓了一把从自家古茶树上采摘的茶叶放在火塘前的土陶罐里，先在火上煨烤至焦香味出来后，再在罐里加水，煨至茶汤沸滚浓香时，才把茶水盛到大塘瓷杯里，然后兑上开水稀释后，分在粗陶碗里，大家一人一碗，边喝茶，边开会，边宣传林业政策。那天，常海卿是第一次喝困鹿山茶，可能是好喝，喝多了，茶醉了，给他留下了深刻印象。常海卿同样写了一篇回忆录，我同样收录在本书第六章第五节"结缘困鹿山"里。

20世纪90年代，我已经调到思茅地区林业局也就是现在的普洱市林业和草原局工作。随着普洱茶热的升温，我就想写写困鹿山，拍拍困鹿山古茶园的照片。再说，早年认识的宽宏村的李兴昌也发出了多次邀请，他希望我去走一走、看一看、拍一拍困鹿山的古茶园，写一写困鹿山的古茶树，喝一喝困鹿山茶。

2006 年 2 月 3—4 日是春节长假的最后两天，我抓紧时间驱车来到离普洱县城 30 多千米辖属宁洱镇的宽宏村（此时大队已改为行政村），困鹿山已于 2000 年修通了林区路。李兴昌老师接待我并陪同我开车上了困鹿山，进行了全程采访拍摄，探访普洱贡茶神秘的产地以及遗落深山的困卢（当年也写作"卢"）山皇家古茶园。这次采访拍摄后，我回去写了《普洱贡茶与困鹿山皇家古茶园》的文章，最早登载于《思茅日报》（即后来的《普洱日报》），并收入云南民族出版社 2006 年出版的《探秘普洱茶乡》一书。

2007 年 4 月举办了第八届中国普洱茶节，在这届茶节期间具体的活动有"三百系列活动"，即 100 个名人认养 100 棵古茶树品 100 款普洱茶，简称"三百茶会"。这次茶节我被抽调到三百茶会组委会，具体负责 100 个名人认养 100 棵古茶树活动。这个活动我提出建议后，最后落实在困鹿山，筹备那段时间几乎两天就得上一次困鹿山。举办"中外名人祭拜认养困鹿山古茶树活动"当天，我拍摄了许多纪实照片，活动结束后写作了《中外名人祭拜认养困鹿山古茶树活动纪实》的文章，发表在《普洱日报》和《普洱》杂志上。关于这次活动，在本书里有详细的介绍，见第五章第五节"中外名人祭拜认养困鹿山古茶树活动始末"。

自 2007 年以后至今，每年都要上困鹿山好几次，上去的目的等等不一，春茶季上去主要是购买困鹿山春茶，一方面是自己收藏，另一方面是为朋友们挑选茶叶，有时是去写作、拍照片，有时陪同希望了解困鹿山的广州、深圳、北京、上海、成都、重庆、昆明、济南、西湖龙井村等地的茶友文友，还有马来西亚、韩国等外国友人，有时是举办培训班或者是开展游学等各种活动。

困鹿山与我结下了一辈子的不解之缘。这种缘分，不仅仅体现在普洱茶及其普洱茶文化的渊源上，还体现在我的一个表弟胡林娶的媳妇就是困鹿山的老主人李铭仁的曾孙女李文平。

困鹿山始终给我留下了许许多多的回忆，但由美好的回忆转而产生写《困鹿山》这本书，也经历了一个漫长的过程。退休以后，我从 60 岁到 80 岁作了四个"五年计划"的安排，每五年为一个阶段，分别定为"茶经济、茶文化、茶旅游和茶休闲"。在第二个五年，即"茶文化"期间，我写完并出版了《人文普洱》《光影普洱》《自然普洱》和《故土茶缘》等书后，本来不想再写作直接转入第三个五年"茶旅游"，然后过渡到第四个五年"茶休闲"了，计划是满世界走走看看，已经完成的行程有"带上真正的冰岛茶，到真正的冰岛，用真正的冰岛水泡来喝"，即带上临沧的冰岛茶，到离北极最近的冰岛国品饮；带上无量山茶，到欧洲的主要山脉阿尔卑斯山去品饮；带上澜沧江畔的茶叶，坐上游船，沿着多瑙河漂流几个国家时，边漂流边品饮；带上普洱茶，去"PK"阿萨姆茶等。原计划2020年穿越亚洲、欧洲和非洲，带上普洱茶的故事去非洲北部的摩洛哥（这里是《一千零一夜》故事诞生地），去讲更多的普洱茶故事的，却因疫情严重而放弃，改为甘肃青海大回环，行游了青海湖、柴达木盆地、茶卡盐湖、大小柴旦、阿尔金山、敦煌、祁连山等。2021年同样因疫情出不了国，走览了新疆的阿尔泰山、天山、昆仑山、准噶尔盆地和塔里木盆地。只希望余下的更多时间在家看看书，品品茶，足矣。然而，许多熟悉并了解我的摄友、文友和茶友，提出还是希望我写一写困鹿山，他们说你是亲历者，你不写谁写？因为疫情，只能窝在家里，就有了大把的时间，加上朋友们的话说到这个份上，想想，还是打开电脑，点起鼠标来。从2021年年底计划写作，在文友、茶友朋友们的大力支持下，历时大约1年多的时间，终于付梓完成了，谨将这本《困鹿山》奉献给喜欢困鹿山、热爱困鹿山的读者茶人朋友们！

这也是奉献给所有热爱普洱、热爱普洱茶、热爱美好生活的人们的一本书！

敬请各位批评指正！

关于《困鹿山》一书有两点需要说明：一是本书合著者陈玖玖，是云南省民族茶文化研究会执行副会长、国家一级评茶员、国家一级茶艺师，参与了本书的策划，例如主题选定、框架结构和素材收集，并具体完成了第四章第二节"困鹿山茶叶品鉴"、第六章第三节"谦岗风雨桥与马秀廷德政碑"及延伸阅读"三进三出普洱府的清封'建威将军'"等；二是在所著《困鹿山》一书里，为了说明问题和多角度反映困鹿山的情况，在第六章"困鹿山人文轶事"第一节的延伸阅读里编入了李彦臣的文章"李铭仁家族历史资料"，在第四节的延伸阅读里编入了李明泽的文章"我父亲李兴昌走过的普洱贡茶制作技艺复兴之路"，在第五节里编入了李兴昌、李祖宁、常海卿的文章；在第七章"困鹿山的文化及价值"第二节里编入了郑家源、黄桂枢、苏建华、姜孟谦、殷千红、王运德、潭思哲、杨恒莘、郑海巍、傅磻、彭桓等人的诗词，在第三节里编入了毛良、周庆明、陈启富、杨恒敏、范瑞等人的画作，在第四节里编入了由李兴昌作词、朱俊东配曲的歌，在此对所有作者对《困鹿山》一书的支持表示衷心的感谢！

此书得以顺利完稿并出版，得到了许多单位部门的大力支持，也得到了许多茶友、文友和摄友的大力帮助。

首先，我要感谢宁洱县普洱府文化研究会和宁洱县古普洱府城斗茶协会的大力支持，尤其是宁洱县老茶人周发光、普洱府文化学者鲁国华、周少仁、周庆明、王天、李建平等人提供了相关资料，并对本书的策划、组稿、选题等方面提供了不少建议，向他们表示衷心感谢！

其次，我要感谢宁洱县摄影家陈发坤、许时斌、杨恒伟、罗涛、李天娅、陈阳、王文贵等人提供了精美的照片，在此向他们表示衷心的感谢！

最后，我要衷心感谢首届"全球普洱茶十大杰出人物"、普洱茶文化论的开拓奠基者黄桂枢先生，为此书作了很好的序《贡茶香中外　非遗在此山》。 还要衷心感谢宁洱县原人大主任、《普洱府赋》作者、我的学长张世雄先生同样为本书作了序《只此青绿》。

谢谢所有对《困鹿山》一书的写作、编辑、出版发行给予大力支持和帮助的人们！

写作《困鹿山》之际，往事历历，诸多慷慨，如鲠在喉，一吐为快，就以这首诗结尾吧：

半世结缘困鹿山，风霜几度影阑珊。

皇家贡品多少事，普洱一杯道沧桑。

郑立学
2023 年春于普洱茶书屋

参考文献

[1] 宁洱县政协编.宁洱文史资料.第七辑

[2] 宁洱县政协编.宁洱文史资料.第八辑

[3] 宁洱县政协编.普洱文史资料.第一、二辑

[4] 政协普洱市委员会文史委员会、政协宁洱哈尼族彝族县委员会编.普洱文
史资料.第十五辑

[5] 普洱府文化研究.2018年第一期

[6] 宁洱词汇.昆明：云南美术出版社.2011年

[7] 普洱市政协编著.普洱古树茶.昆明：云南科技出版社.2019年

[8] 普洱市政协编著.普洱府史料.昆明：云南人民出版社.2020年

[9] 普洱市政协编著.普洱茶马古道.昆明：云南科技出版社.2021年

[10] 黄桂枢.思普文史纵横.飞天文艺出版社

[11] 黄桂枢.普洱茶文化与"世界茶源".北京：中国经济出版社

[12] 鲁国华.普洱府诗文选.昆明：云南科技出版社

[13] 郑立学.人文普洱.昆明：云南科技出版社.2017年

[14] 郑立学.光影普洱.昆明：云南科技出版社.2017年

[15] 郑立学.自然普洱.昆明：云南科技出版社.2018年

[16] 曲靖市政协文史资料委员会编.曲靖文史资料.第五辑

[17] 李学正，碧晖.马秀廷将军

[18] 师宗县民族宗教事务局编.师宗回族历史与文化

[19] 万秀锋.清代贡茶研究.北京：故宫出版社

[20] 茶马史诗感动中国——"马帮茶道·瑞贡京城"普洱茶文化北京行.昆明：
云南科技出版社

[21] 梁名志主编.普洱茶科技研究.昆明：云南人民出版社

[22] 普洱茶年鉴.昆明：云南科技出版社

[23] 普洱哈尼族彝族自治县人民政府编.云南省普洱哈尼族彝族自治县地名志

[24] 中国古今大辞典.商务印书馆发行.1931年

郑立学 云南省民族茶文化研究会智库专家、中华普洱茶博览苑普洱茶文化顾问、普洱茶文化研究会专家委员会委员、云南作家协会会员、普洱市诗词楹联协会副主席、"普洱茶书屋"创始人。

著有普洱茶系列丛书《人文普洱》《光影普洱》《自然普洱》；出版《探秘普洱茶乡》《茶酽情浓》《绿色情缘》《故土茶缘》《忠诚铸坦途》《翰墨传家》等书籍；主编《"普洱茶包装设计及普洱茶造型设计大赛"获奖作品集》《普洱走进奥运》《低山秘境古茶园》等画册；参与编辑《中国对联集成云南普洱卷》《普洱市改革开放30年成就》《流淌的太阳——普洱水电》《最美不过夕阳红》等书籍；2001年在思茅，之后应邀于2002年到普洱（今宁洱），2003年到景谷举办过"走进大森林"主题摄影展，2006年，承担主创在北京八大处举办的普洱茶文化周"世界茶源中国茶城普洱茶都"主题摄影展。

曾获云南省总工会"职工自学成才优秀分子"表彰、获普洱市文联"突出贡献先进文艺工作者"表彰，获普洱市委、市政府"优秀科普工作者"表彰，入选文化部《中国地方艺术人才年鉴》，2022年入选《云南茶界名人录》。

陈玖玖 女，汉族，1977年4月22日生于云南省德宏州芒市。现任云南省民族茶文化研究会执行副会长，国家一级评茶员，国家一级茶艺师、评茶员和茶艺师培训讲师、考评员。从事茶文化研究和推广多年，躬身践行，致力于推动民族茶文化与产业的有机结合，让以普洱茶为代表的云南茶叶融入时代，与天下之人共享。参与编撰的著作有《人文普洱》《光影普洱》《自然普洱》《滇云茶山录》等。